量子科技
入門

作　者｜黃琮暐・余怡青・陳宏斌・鄭宜帆

審　定｜謝明修・林俊達

顧　問｜張慶瑞・傅昭銘

Hon Hai Education Foundation

鴻海教育基金會

作者簡介

黃琮暐
中原大學智慧運算與量子資訊學院助理教授

學歷
國立臺灣大學物理博士

經歷
臺灣量子電腦暨資訊科技協會理事
台北市、桃園市量子科技高中種子教師講師
NTU-IBM 中心博士後研究員

余怡青
臺北市芳和實驗中學教師

學歷
國立臺灣師範大學物理博士

經歷
中學自然科學教師
國教院 TASAL 素養評量命題教師
大愛電視台 Try 科學顧問教師
科普推廣活動及探究與實作課程研習講師

陳宏斌
國立成功大學工程科學系助理教授

學歷
國立成功大學物理博士

經歷
國立成功大學前沿量子科技研究中心學者

鄭宜帆
國立清華大學通識教育中心兼任助理教授

學歷
國立中央大學物理博士

經歷
國立中央大學物理學系博士後研究員
中央研究院物理研究所博士後研究員
泛科學 PanSci 專欄作者
科學月刊編輯委員

2022 年諾貝爾物理獎頒給了三位研究量子力學的學者，另外，有句話說「得量子者得天下」—這些都說明了「量子科技」的重要性。但是，這麼重要的科技，我們是否培養了足夠多的人才來研究、發展呢？

當世界各國紛紛從高中就開始安排教授量子課程，甚至馬克祖格伯在他的孩子才一個月大，就已經在為孩子唸《寶寶的量子力學》時，讓臺灣的高中生能夠普遍開始學習量子知識絕對是必要的，因此，鴻海教育基金會從 2020 年起就每年舉辦「高中生暑期量子營」與「高中量子師培營」，一方面由基金會聘請講師直接授課教導高中學生，一方面也期望讓老師可以自己在校內開課，以使學生在學校就可以習得量子知識，普及量子科技教育。不過，老師要上課教學，需要有教材，所以，我們特別為高中老師與學生編撰了這本《量子科技入門》。

這本書能完成要感恩許多人：首先要特別感謝鴻海科技集團劉揚偉董事長與鴻海教育基金會黃秋蓮董事長兩位的鼎力支持；另外，也非常謝謝鴻海研究院的量子計算研究所張慶瑞諮詢委員、謝明修所長，以及研究院離子阱實驗室林俊達主任的大力幫忙，其中謝所長、林主任不但都在百忙中協助審定內容，而且謝所長還協助安排了高雄中學的邱柏舜與薇閣高中的林鉅軒兩位同學試閱內容，以求讓本書能更適合高中生閱讀，林主任則為我們取得離子阱電腦核心圖片的授權，並協助修整部份內文；此外，也很感激臺大物理系傅昭銘教授與鴻海軟體研發中心葉光釗資深協理在本書規劃之初，提供了美國公益版本《Quantum Computing as a High School Module》的翻譯稿供參考架構，且傅老師更對內容提出了一些寶貴建議；當然，也十分感謝黃琮暐、余怡青、陳宏斌、鄭宜帆等四位老師用心為我們執筆撰文，以及全華圖書認真費心編輯。

要學量子，需要先有一些先備知識，所以我們在篇章一開始時，會先介紹需要具備的先備知識，再進入主題，而透過循序漸進的介紹解說，我們也期待這本書能成為有意深入學習量子知識者的先備好朋友。

歡迎您藉由此書打開量子大門，進入量子世界，一窺量子科技奧秘。

鴻海教育基金會執行長

量子計算經過將近四十年的研究，在理論上取得非常多關鍵性的突破，包含指數性加速的量子算法、不可破解的量子密鑰、更加精密的感測器等，每一項進展都可能為我們的日常生活帶來相當程度的影響。近年來，量子硬體的開發取得亦有大幅的進步，數種量子優越性的實驗相繼完成。然而，這些實驗所實作的問題，幾乎無法用傳統電腦在有限的時間裡求得解答，更加深了世界各國追求量子電腦的決心。世界各國目前均已投入大量資源，全力發展量子相關技術，科技部也在 2022 年開始大力建構未來量子世代臺灣產業鏈。

有別於大家熟悉的二進位傳統計算方式，量子計算採用的乃是量子效應裡的疊加與糾纏特性。由於量子狀態無法直接觀察，量子的糾纏態更是具有違反一般認知的超距現象，使得大眾對於量子計算存在著距離感，認為要了解量子計算，就必須具備高深的物理知識，才有機會一窺堂奧。為了吸引更多人了解量子科技，打破量子計算遙不可及的距離感，量子教育普及化的重要性不可言喻。此外，量子計算領域發展的主要瓶頸之一，乃是人才的訓練與培育，要進入量子計算這個新的領域，所需要的知識面涵蓋極廣，包括量子物理、傳統計算機科學、電機工程，以及扎實的數學計算能力。這些知識無法從單一的系所完整學得，也造成量子計算人才的稀缺。

這本《量子科技入門》在鴻海教育基金會的積極推動與鴻海研究院的協助支持，以及全華圖書的費心編輯下，經過兩年的籌備規劃，把量子計算需要了解的基礎知識，利用深入淺出的文字以及貼切的圖示與範例，做了全方面的介紹。希望透過我們的一點努力，能夠讓量子教育從高中開始扎根，並加以普及化，快速累積臺灣的量子人才庫，進而使得臺灣在全世界量子技術的競賽中脫穎而出。

鴻海研究院量子計算研究所所長

謝明修

20 世紀初，量子概念與量子力學的建立，重新定義了物理學的新面貌，使得人們對宇宙本質的認識又更進了一步，但這些概念常常與人們的日常經驗相違背而變得艱澀難懂。

古典物理學所建立的機械觀認為，只要掌握了這世界某個當下的所有變量，依照牛頓力學與電磁學，我們便可精準地預測未來，至於所有的隨機性，則皆源自於對初始資訊的掌握度不足。不過，上帝似乎不想讓世界的運行規則如此單調乏味，祂讓具體的粒子有了抽象的波動性，還很明確地告訴我們「微觀世界是測不準的」，但這些不確定性卻是物質世界穩定運行的根本原因。

量子力學的成功，帶動了過去數十年現代科技的發展，像是半導體、雷射、分子工程與醫學等應用充斥在人們的日常生活中，被稱為第一次量子革命。然而，微觀世界的量子疊加與糾纏等奇妙的特性，一直以來並未被徹底理解與運用。直到物理學家費曼（R. Feynman）提出打造基於量子力學運作法則的機器來幫助計算、解決問題，以及秀爾（P. Shor）因數分解等量子演算法的提出，證明了巧妙利用疊加與糾纏特性可獲得相較於傳統計算力有指數加速的效果，人們才開始認知到量子科技將帶來革命性的優勢，也造就了近幾年全球量子科技產業的風起雲湧，其影響範圍更涵蓋通信、國防、製藥與金融等各個面向。

隨著量子硬體技術的進步，人們對於量子科技的想像逐漸實現。我們何其有幸，正經歷一個科技變革的時代，而面臨這波量子浪潮，更需要科技教育向下紮根。這本教材的內容完整且深入淺出，對於成為一個 Q 世代的現代公民而言，絕對是一個完美的起點。

鴻海研究院離子阱實驗室主任

林俊達

2020 年 8 月，鴻海集團舉辦量子計算高中營隊，邀請筆者擔任講師，隨後的兩年，筆者又參與了鴻海集團、臺北市教育局、桃園市教育局所舉辦共計三場高中量子計算種子教師培訓營。而鴻海集團在這些活動過程中，開始規劃撰寫一本適合臺灣高中生的量子計算教科書，並邀請筆者參與撰寫工作，希望藉由這本書吸引更多人學習量子計算，並且為臺灣建立更多的量子計算人才庫。

量子科技被認為是下一代的革命，這個科技革命依照美國、歐盟、中國與世界各國目前的報告來看將會影響：通訊、計算方式、感測器、電腦硬體等，這些可能影響的項目剛好是現在人類生活的全部（例如：手機通訊、網路密碼、光達偵測、更小更快的電腦硬體），但量子科技的影響將以跨時代的想像力改變這些，例如：可以擁有絕對安全的通訊模式（這在目前的通訊我們無法保證）、能破解現在主要密碼的計算方式（這原本是我們認為安全的網路交易方式）、能偵測更微弱的訊號（例如現在必須耗時地利用核磁共振偵測身體的軟組織訊號）、超導或微波系統的硬體（現在無需利用超導或微波改進電腦硬體）等。也因此美國甚至將量子科技稱為第二次曼哈頓計劃（原曼哈頓計劃即為原子彈計畫）。這也是鴻海集團與作者團隊亟欲寫下一本給臺灣高中學子的參考用書的原因，希望臺灣在未來的量子科技競爭中不至於落於人後。

本書因為篇幅有限，主要是介紹量子科技中的量子計算，由簡單的計算機概論、數學與基礎物理開始，建立量子科技與量子計算的基礎能力，接著透過量子疊加態、量子測量與量子糾纏態，建立讀者對量子基礎特性與優勢的了解，最後講述量子演算法供讀者往更進階的量子計算奠定基石。

中原大學智慧運算與量子資訊學院助理教授

黃琮暐

一個人的價值，在於他貢獻了什麼，而不在於他能得到什麼。
- 愛因斯坦

原文：*The value of a man resides in what he gives and not in what he is capable of receiving.*

感謝本書的出版，能讓我拉進中學生與量子世界的距離，爲培育頂尖科技人才做一小小的貢獻。

會參與本書的撰寫，是來自十幾年前的緣分。就讀師大物理所博士班時，研究的主題爲量子資訊，認識現職量子計算研究所所長謝明修博士。博班畢業後，就進入中學擔任教師，原本以爲再也不會碰到量子資訊的我，經過謝明修博士的引薦，參與鴻海教育基金會的量子資訊教科書撰寫計畫團隊，讓我重新整理量子資訊的內容，並盡量使用中學生的語言寫出來。

量子資訊是近幾十年才發展的，比近代物理還近代，且橫跨「物理」、「數學」及「資訊」三個領域。在中學課程中，關於量子資訊會用到的量子概念要到高一的物理才會做基本的介紹，但也僅著重於「量子」不連續的現象，對於量子資訊裡重要的概念「量子疊加」、「量子測量」及「量子糾纏」著墨較少。對於想要自學量子資訊的中學生而言，還需要更多基礎知識的介紹。

本書特點爲先介紹研究量子資訊的先備知識（資訊、數學、物理），再說明量子資訊重要的「量子位元」及前述三個重要概念，最後是較爲進階、需要統整應用的「量子計算」及「量子演算法」。每個章節都有對應的應用及練習例題，讓同學可以檢視學習狀況。

期盼循序漸進的內容，能提供對於量子資訊有興趣的中學生，作爲進入奇幻量子世界的藏寶圖。

最後，本書能順利產出，要特別感謝汪用和執行長及全華圖書林宜君小姐，謝謝妳們的努力不懈，協調不同作者們的想法和建議，讓本書得以出版。

臺北市芳和實驗中學教師

余怡青

隨著科技不斷地進展，人們的生活型態也因此發生許多轉變，各種典範轉移的案例不勝枚舉，尤其以資訊相關的科技，對近代人類社會的影響更是深遠可觀。

量子科技的各種奇特性質，乍聽如電影情節一般，原是難以想像如何在我們的日常生活之中發生影響。然而，在過去幾十年裡，全球各國大量的人力與資源投入其中，促使其快速發展。時至今日，量子科技即將到達一個走出實驗室進到日常生活的轉捩點。

在各種量子科技的項目中最為重要且廣為人知的，當屬量子計算與量子電腦。不僅是因量子電腦硬體實際的問世，讓普羅大眾有機會親自體驗到量子科技的神祕，許多的量子科技相關企業如雨後春筍般地成立，再加上各家社群媒體的推波助瀾下，使得這波量子熱潮更加引人注目。

為能把握這樣的趨勢先機，在國內培育相關人才，將量子計算方面的知識普及並且向下扎根是一項重要且關鍵的工作。儘管學生已可在網路上找到許多相關教材，但大多片段且零散，不易引導學生窺得量子基礎知識之全貌。因此，一套將整個所需的基礎知識系統化地編纂蒐羅的書籍，對於有心想要入門的學生來說，將是一大福音。

本人要感謝鴻海教育基金會在這方面的努力，以及十分榮幸能夠獲邀參與本書的編寫。在成大做研究與執教的時日裡，深感一套易於入門的書籍的重要性，在編輯本書的過程中，盡可能將艱澀的知識以淺白易懂的方式表達出來以饗讀者。

國立成功大學工程科學系助理教授

陳宏斌

近年來，量子電腦話題在新聞中持續出現，世界強權以及跨國資訊科技公司無不致力於相關技術研發。毫無疑問地，一旦量子電腦技術成熟到具實用價值，將對世界帶來翻天覆地的變化。而臺灣又要如何在此一世界趨勢中站穩一席之地，值得我們深思。

所幸，除了政府於日前成立量子國家隊之外，民間公司如鴻海對此也著力甚深，更催生了這本給初學者的量子電腦入門書。儘管量子理論對大多數人來說非常陌生，但其實跟我們息息相關，也是未來科技發展不可忽略的要素。但因為量子理論牽涉到許多一般人不熟悉的概念與數學，要將之深入淺出地介紹給讀者並非易事，勢必需要一定程度的科普專業與技巧。

因此，自己身為平日即投入物理科普的學術工作者，要特別感謝鴻海教育基金會的看重與邀請，才有這個機會參與部分內容的撰寫工作。同時，也要感謝全華圖書編輯的溝通與協調，讓不同作者能夠合作寫出這樣一本深具意義的書籍。

在出版的資源限制和時間壓力下，這本書就算可能有未盡之處，但確實提供了對量子電腦主題有興趣的民眾一個很好的學習與參考來源，也希望每位讀者都能在閱讀之後有所收穫。

國立清華大學通識教育中心兼任助理教授

索引及簡答

量子計算的先備知識：計算機概論

　　歷年來，諾貝爾物理獎已多次頒給研究量子領域的學者，2022 年亦再次頒給法國、美國、奧地利的三名科學家，表彰他們在量子糾纏的實驗確立貝爾不等式的違背驗證，以及開拓量子資訊科學。諾貝爾獎肯定這些學者的同時，也等同說明了量子領域的研究對人類的重要性。

　　事實上，近些年來，「量子」一詞已越來越常出現，不但大眾對量子科技的期望與興趣越來越濃厚，許多企業也紛紛開始研發量子電腦與應用。2019 年 1 月，IBM 在美國消費性電子展（CES）上展示了全球第一台商用量子電腦 IBM Q System One（簡稱為 IBM Q），這台量子電腦的外觀及尺寸，與我們熟知的桌上型電腦或筆記型電腦截然不同，甚至看起來相當華麗（圖 1-1）。

　　由於量子電腦有不同的製造方式，一些單位因此選定不同的製造方式急起直追，鴻海研究院就於 2021 年 12 月創全台之先成立了離子阱實驗室，為自製離子阱量子電腦而努力。鴻海研究院量子計算研究所也不斷地研究演算法，以使得量子計算能夠更有效率與威力。

　　接下來，我們將透過本書告訴你有關量子計算與量子資訊的基本知識，要了解這些，就必須先熟悉計算機科學的基本概念，以及數學與物理的相關背景知識，因此本書一開始將先利用三章的篇幅，介紹與量子計算有關的計算機概論以及量子計算的數學與物理基礎，在建立了所需的基本知識之後，再與大家一起逐步進入量子科技的世界。

1-1　古典電腦的組織

電腦主要分成三大部分：

- 輸入部分：例如鍵盤、滑鼠、觸控螢幕等。
- 核心部分：例如中央處理器（CPU）、主機板、記憶體（RAM）等。
- 輸出部分：例如（非觸控）螢幕、印表機、喇叭等。

我們在此只介紹中央處理器（CPU）的部分，原因是量子電腦目前主要的核心只是對 CPU 原本的古典元件、運算模式等進行改變，至於 CPU 以外的部分則與一般電腦無異。換言之，量子電腦透過測量後，將結果儲存在記憶體或是儲存資料的硬體上，再經由古典電腦的方式讀取或加以應用。

Audioundwerbung | Dreamstime.com

◀ 圖 1-1(a)　世界上第一台商用量子電腦 IBM Q System One

▶ 圖 1-1(b)　此為使用單一離子作為量子位元，並透過雷射來操控其量子狀態的離子阱核心 (Image courtesy of Quantinuum Inc.)

在 CPU、RAM 或是硬碟中，是藉由 0 與 1 作為儲存形式，這個概念來自於英國數學家艾倫・圖靈（Alan Turing）於 1936 年提出的計算模式，現稱為圖靈機（Turing machine）（圖 1-2）。

圖靈機的概念可以想像成（圖 1-3）：

① 有一條很長的紙帶，上面依序劃分成一個個的小格子。

② 有一個在紙帶上左右移動的讀寫頭，可讀取或是改寫紙帶上的訊號。

③ 有一個控制箱（英文原文為 table），用來讓操作者控制讀寫頭的位置，並執行讀取或改寫。

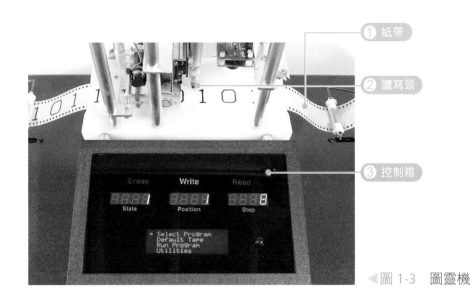

① 紙帶

② 讀寫頭

③ 控制箱

◀圖 1-3　圖靈機

◀圖 1-2　圖靈機

在圖靈機中，主要的符號是「0」與「1」，也就是「否」與「是」，若表現在硬體上，可能會是「導電」與否、「磁性」方向等。如果以現在的電腦對比圖靈機，可以想像成 CPU 就是 ③控制箱，藉由輸入裝置（如鍵盤等）搭配數學演算法，去控制 ②讀寫頭，來改變「導電」與否或是「磁性」方向，最後記錄在 ①紙帶，也就是 RAM 或硬碟上，如圖 1-4 所示。

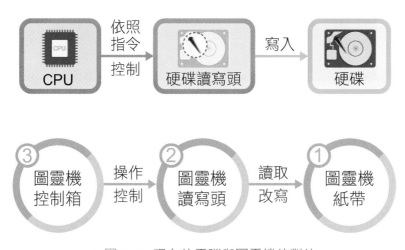

▲圖 1-4　現在的電腦與圖靈機的對比

由上可知，如果要建立 CPU 與 RAM，必須具備如圖 1-5 的三個最基礎的概念，而這些概念都建立在二進制上。

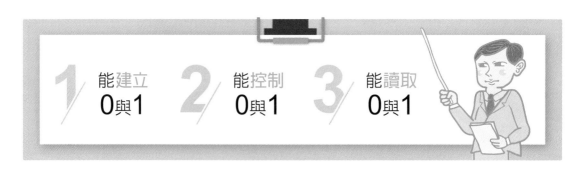

▲圖 1-5　圖靈機必須具備的三個基礎要求

以下是幾個簡易的二進制例題。

例 1　將十進制數字 29 以二進制表示。

解　為了幫助大家掌握二進制的基本概念，我們先從 1 開始的幾個數字依序列出它們在十進制以及二進制的對照：

	十進制	二進制
2^0	1	1
2^1	2	10
	3	11
2^2	4	100
	5	101
	6	110
	7	111
2^3	8	1000
	…	…

每增一次方即進位尾數加 0（且首碼為 1）
亦即
2^1 二進制為 10
2^2 二進制為 100
2^3 二進制為 1000
…

數字依次加 1，滿 2 進位

從以上 1 到 8 在十進制和二進制的對照，可以發現一些規律：

　　4 為 2 的平方 (2^2)，在二進制是最左邊寫 1 之後接兩個 0（即 100）。而 8 為 2 的立方 (2^3)，在二進制是最左邊寫 1 之後接三個 0。依此類推，我們可以得知 16（即 2 的四次方 (2^4)）在二進制應寫為 10000，32（即 2 的五次方 (2^5)）在二進制應寫為 100000。

從以上規律可知，題目所問的 29 因為介於 16 和 32 之間，**在二進制應該是五位數**，而且最左邊為 1。

接著，繼續比較 2~3 和 5~7 兩個區間，可以發現：

　　數字的排序是依次加 1，以 2 為首的 10，依次加 1 為 11（即 3），而後進位到 100（即 4）。而以 4 為首的 100 開始，接下來的排序就是 101（即 5）、110（即 6）、111（即 7），然後就要進位到 1000（即 8）。

從 8 開始，由於在 1 後面有三個位數，每個位數都可以是 0 或 1，表示有 2 的三次方（即 8）種排列方式，也就是說，等 8 種排列用完之後（即 15），到 16 就要再次進位。

為了避免混淆十進制和二進制數字，以下把二進制數字用下標字 2 加以標示，例如十進制數字 8 可寫成二進制數字 $(1000)_2$。

讓我們重新思考 29 如何用二進制表示：

(1) 決定第一個位數：

$2^4=16$（$2^5=32$ 已經超過 29）→ 最左邊為 1（且共 5 位數）。

因為 $29–2^4=13$ → 表示從 $(10000)_2$ 開始，從小到大再排序 13 位就是 29。

(2) 決定第二個位數：

$13–2^3=5$ → $2^3=8$ 即 $(1000)_2$，表示從 $(10000)_2$ 開始再排序 8 位即為 $(11000)_2$，所以從 $(11000)_2$ 開始要再排序到第 5 位。

(3) 決定第三個位數：

$5-2^2=1$ → $2^2=4$ 即 $(100)_2$，表示從 $(11000)_2$ 開始再排序 4 位即為 $(11100)_2$，所以我們從 $(11100)_2$ 開始要再排序 1 位。

(4) 決定第四個位數：

$2^1=2$ 即 $(10)_2$，表示從 $(11100)_2$ 開始再排序 2 位即為 $(11110)_2$。但我們現在只要從 $(11100)_2$ 開始再排序 1 位，所以不需要進位到 $(11110)_2$，最左邊四個位數必須為 $(1110)_2$，只剩下最右邊的數字待決定。

(5) 決定最後一個位數：

$2^0=1$（二進制也是 1），表示從 $(11100)_2$ 開始再排序 1 位即為 $(11101)_2$。

完成上面的步驟之後，我們會發現 29 在二進制為 (11101)$_2$。待熟練以上方法之後，我們可以將這些步驟簡短寫成：

(1) $2^4=16$（$2^5>29$不計） → 29–16=13 → 最左邊為1（且共5位數）

(2) $2^3=8$ → 13–8=5 → 左邊第2個數字為1

(3) $2^2=4$ → 5–4=1 → 左邊第3個數字也為1

(4) $2^1=2$（$2^1>1$不計） → 左邊第4個數字為0

(5) $2^0=1$ → 1–1=0 → 最後為1

 練習題 1

將十進制的 62、38、77、99 轉成二進制，請寫出轉換過程。

例 2 ▶ 已知某一數字在二進制為 110101，若使用十進制表示，該數字為何？

解 ▶ 將例 1 的過程反過來運用，我們可以得到，

$$1\times 2^5 +1\times 2^4 +0\times 2^3 +1\times 2^2 +0\times 2^1 +1\times 2^0$$
$$= 32 +16 +0 +4 +0 +1 = 53$$

代表 110101（二進制）在十進制為 53。

22

練習題2

> 將二進制中的 11011、01011、10011、11100 轉成十進制，請寫出轉換過程。

　　除了數字之外，在二進制中也可以使用約定好的格式來表示所有的英文字母。通常，**古典位元**（bit）以 8 個位元為一組來表示英文字母，這 8 個位元為一組的組合稱為**位元組**（byte），這也是目前古典計算的標準（稱為 ASCII 碼，即 American Standard Code for Information Interchange，美國標準資訊交換碼）。實際上，不僅是字母，數字也是以一個位元組為基本單元來描述，例如十進制數字 29，在電腦中應表示為 00011101。

　　大寫英文字母的表示法如表 1-1。

▼表 1-1　大寫英文字母的 ASCII 碼表示法

字元	二進制碼	字元	二進制碼	字元	二進制碼
A	01000001	J	01001010	S	01010011
B	01000010	K	01001011	T	01010100
C	01000011	L	01001100	U	01010101
D	01000100	M	01001101	V	01010110
E	01000101	N	01001110	W	01010111
F	01000110	O	01001111	X	01011000
G	01000111	P	01010000	Y	01011001
H	01001000	Q	01010001	Z	01011010
I	01001001	R	01010010		

　　至於小寫英文字母，則是將上述的位元組改成 011 開頭，例如 m 表示為 01101101。簡單來說，在計算機中所有的文字和數字都可以用二進制來表示，而所有的運算或程式設計都是由二進制出發。

　　我們一般在使用電腦時，不會感覺到電腦是用二進制思考，這是因為程式語言已經做了良好的劃分，分成低階語言和高階語言（圖 1-6）。計算機核心使用上面介紹的二進制方式控制 CPU，被稱為低階語言，像機器語言、組合語言，接近電腦的思維，語言的可讀性低，不易學習。而使用者一般接觸到的都是高階語言，像 C++、Python、MATLAB……，較接近人類的思維，目前通用的程式語言大多以英文開發。高階語言不需用二進制思考，而是藉由編譯器將這些程式語言的程式碼轉錄成機器能讀懂的機器語言，因此使用者不需完全了解機器語言的語法，也能使用電腦去處理複雜的事。

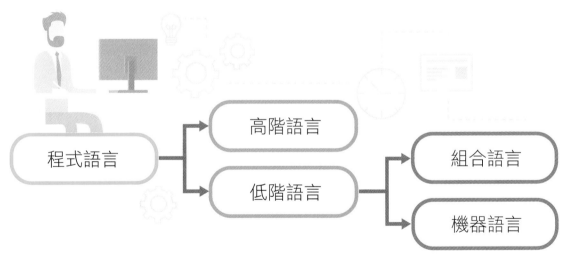

▲圖 1-6　程式語言的分類

1-2　古典計算中的邏輯運算

　　在古典計算中，所有的運算都建立在邏輯運算上，數學家已經證明只需要完成 NOT、AND、OR、XOR、NAND、NOR、XNOR 等邏輯運算，就能實現所有的運算。在積體電路上，**邏輯閘**（logic gate）是最基本的組件，可以利用電子訊號實現邏輯運算。基本邏輯運算的真值表與符號如表 1-2。

▼表 1-2　基本邏輯運算的真值表與符號

名稱	符號	真值表		
		輸入		輸出
NOT		A		NOT A
		0		1
		1		0
		輸入		輸出
		A	B	A AND B
		0	0	0
AND		0	1	0
		1	0	0
		1	1	1
		輸入		輸出
		A	B	A OR B
		0	0	0
OR		0	1	1
		1	0	1
		1	1	1

XOR

輸入		輸出
A	B	A XOR B
0	0	0
0	1	1
1	0	1
1	1	0

NAND

輸入		輸出
A	B	A NAND B
0	0	1
0	1	1
1	0	1
1	1	0

NOR

輸入		輸出
A	B	A NOR B
0	0	1
0	1	0
1	0	0
1	1	0

XNOR

輸入		輸出
A	B	A XNOR B
0	0	1
0	1	0
1	0	0
1	1	1

NOT 的作用

將輸入的資訊從 0 變爲 1、1 變爲 0，這也是被稱爲 NOT 的原因。我們可把 0 的意義想成「否」、1 的意義想成「是」，故 0 + NOT = 否否 = 是 = 1

1 + NOT = 是否 = 否 = 0

AND 的作用

將兩個輸入同時作用，當兩個輸入中有一個或兩個不爲 1，則輸出爲 0；若兩個皆爲 1，則輸出爲 1。也就是唯有輸入 A 與輸入 B 同時爲 1（即同爲「是」），輸出才會爲 1（即「是」）。

OR 的作用

將兩個輸入同時作用，兩個輸入中只要有任一個爲 1，則輸出爲 1；若兩個皆爲 0，則輸出爲 0。也就是說，只要輸入 A 或是輸入 B 爲 1（即 A 或 B 爲「是」），輸出就爲 1（即「是」）。

XOR 的作用（Exclusive OR）

將兩個輸入同時作用，當兩個輸入只有一個爲 1，則輸出爲 1；若兩個皆爲 0 或皆爲 1，則輸出爲 0。亦即，輸入 A 和輸入 B 只有一個爲 1 時（即 A 與 B 爲一「是」一「否」），輸出爲 1（即「是」）。

　　將兩個輸入同時作用，當兩個輸入有
一個為 0，則輸出為 1；若兩個皆為 1，則
輸出 0。也就是輸入 A 與輸入 B 皆為 1 時
（即 A 與 B 皆為「是」），輸出為 0（即
「否」）。這個作用與 AND 剛好互補，因此
稱為 NAND。

NAND 的作用
（Not AND）

　　將兩個輸入同時作用，當兩個輸入同為
0，則輸出為 1；若兩個輸入中有一個為 1，
則輸出為 0。也就是說，只有當輸入 A 與輸
入 B 皆為 0 時（即 A 與 B 皆為「否」），
輸出方為 1（即「是」）。這個作用與 OR
剛好互補，因此稱為 NOR。

NOR 的作用
（Not OR）

　　將兩個輸入同時作用，當兩個輸入同為
0 或同為 1 時，輸出為 1；若兩個輸入中有
一個 0、一個 1，則輸出為 0。也就是說，當
輸入 A 與輸入 B 同為 0 或同為 1 時（即 A
與 B 同為「是」或「否」），輸出為 1（即
「是」）。這個作用與 XOR 剛好互補，因此
稱為 XNOR。

XNOR 的作用
（Exclusive NOR）

利用這些邏輯閘可以建構所有的邏輯運算，因此這些邏輯閘又被稱為**通用邏輯閘**。以下舉例說明如何利用上述邏輯閘建立**加法器**（adder）。

例 3 試運用邏輯閘的組合，完成基本的二進制加法運算：0+0=0、0+1=1、1+0=1、1+1=10。

解 從上述的二進制加法運算，我們可以看出需要兩個輸入訊號（A和B），當兩者輸入均為0時，得到輸出為0；兩者其一為1，另一為0時，輸出為1；兩者輸入均為1時，輸出為10。因此，輸出也必須有兩個訊號（C和S），其一代表較高位元的輸出（C），另一代表較低位元（S）的輸出，兩者組合起來才能夠表示10（因為10佔了兩個位元）。

為了方便起見，畫出真值表如下：

輸入		輸出	
A	B	S	C
0	0	0	0
0	1	1	0
1	0	1	0
1	1	0	1

從真值表，我們可以簡單比對四種不同的輸入訊號，以及其所對應的輸出。輸入的A和B可以同時為0或1，也可以一個為0、一個為1。訊號C代表較高位元的輸出，只有當A和B皆為1時，C才會輸出1，訊號S代表較低位元的輸出，可能是0或1，當C為1且S為0時，就代表輸出為10（即A+B=1+1=10），如上表最後一列所示。

那麼，要如何利用邏輯閘來完成加法器呢？在這個範例中，我們需要兩個不同的邏輯閘，分別處理C和S的輸出訊號。若將上述真值表比對表1-2的邏輯閘真值表，我們可以發現，在對應A和B的四種不同輸入

組合下，S 的輸出與 XOR 邏輯閘完全一致，而且 C 的輸出和 AND 邏輯閘相同。換句話說，我們需要 XOR 邏輯閘和 AND 邏輯閘搭配，讓兩者在分別接收到 A 和 B 的輸入後，給出題目要求的輸出。若畫成電路圖，即如下圖所示。

電路圖

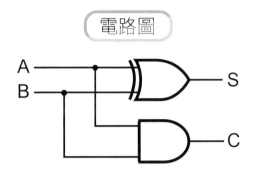

我們可以看到，在電路圖中，XOR 邏輯閘和 AND 邏輯閘同時接收 A 和 B 的輸入，並輸出我們要的訊號 S 和 C，如此便完成了一個基本的加法器。

　　由上述的例題可知，可以利用通用邏輯閘組成所有的運算模式，當然有些運算非常複雜，以致通用邏輯閘不敷使用，但可以確定的是，所有的運算模式都能夠拆解成邏輯閘運算。在量子計算中，也有所謂的量子邏輯閘以及通用型量子邏輯閘，這些細節會在後續的章節進行詳盡的討論，我們現在只需要知道，如果有這些通用邏輯閘，理論上可以實現所有的運算。

　　計算機概論的範疇很廣，而最基本的二進制與邏輯閘概念是未來學習量子計算的主要基礎。若對計算機概論的其餘範疇有興趣，不妨自行參考其他書籍。

量子計算的數學基礎

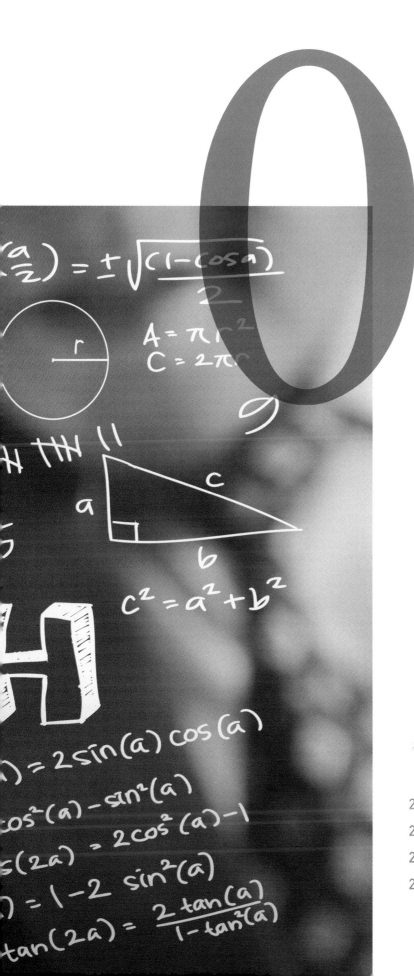

本章要介紹量子力學會使用到的數學系統，以線性代數為主，包含**向量**（vector）與**矩陣**（matrix），並強調如何使用這些數學系統來描述物理現象。

2-1　數系

人類天生就具有數感，能夠理解簡單的數量概念，但數感並非人類獨有，像編繩結那樣將數目記錄下來，才是人類智慧的獨到之處。從計算物品數量的正整數，到用來表達量測結果的有理數，每多一個數系，就是讓我們對世界多一種描述方法。常見的幾種不同數系（實數、複數、有理數、整數等）間的關係如圖 2-1 所示。

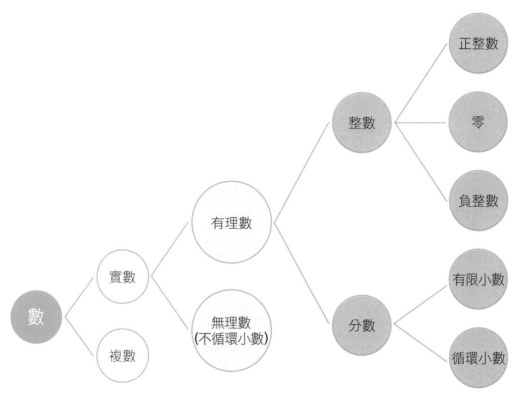

▲圖 2-1　不同數系之間的關係

以下介紹幾個較重要的數系和常數之定義。

2-1-1 實數

實數包含有理數及無理數（非有理數）。其中，有理數是指可以表示為分子和分母均為整數的分數：

$$有理數 \mathbb{Q} = \left\{ \frac{m}{n}, m \in 整數 \ \mathbb{Z}, n \in 整數 \ \mathbb{Z}, n \neq 0 \right\}$$

相反地，如果不能表示為分數，表示該數為無理數。例如面積為 2 的正方形，其邊長為 $\sqrt{2}$，$\sqrt{2}$ 寫成小數為 1.414...，小數點後的數字不但數目無限（無限小數），也不會循環出現（非循環小數），無法表示成分數，所以是無理數。

練習題1

下列哪個數為無理數？

(A) π　(B) $\sqrt{4}$　(C) 0.333333...　(D) $\frac{3}{5}$

2-1-2 複數

複數包含兩個部分：實數和虛數。複數 z 可表示為：

$$z = a + bi$$

其中，a 為複數的實數部分，b 為複數的虛數部分，而 i 為 -1 開根號的值，也是方程式 $x^2 + 1 = 0$ 的解。

$$x^2 + 1 = 0$$
$$x = \sqrt{-1} = i$$

$\sqrt{-1}$（也就是 i）看起來非常詭異，不像我們所習慣的將正數開根號，於是 17 世紀著名的數學家笛卡爾（René Descartes）給這樣的數一個名詞，叫做**虛數**，表示「虛構的數」。

若有另一個複數，它的實數部分和 z 相同，但虛數部分與 z 的虛數差了一個負號，則此複數為 z 的**共軛複數**，以 $\bar{z}$ 或 $z*$ 表示：

$$\bar{z} = z* = a - bi$$

2-1-3 指數

指數通常是指次方，例如 a^b 中的 b 就是指數。而**指數函數**是指形式為

$$y = f(x) = a^x$$

的數學函數，a 稱為底數，x 是指數。如果底數為 2，可以得到函數值 $f(0) = 2^0 = 1, f(1) = 2^1 = 2, f(2) = 2^2 = 4, \ldots$。

2-1-4 自然常數

$e = 2.718281828459\ldots$，像圓周率一樣，是無窮的小數。我們把 e 稱為**自然常數**、**自然底數**或是**尤拉數**，藉此彰顯尤拉（Leonhard Paul Euler）在研究自然常數上的貢獻。

自然常數在什麼狀況下會用到呢？我們以銀行複利的計算方式為例：

$$\text{本利和} = \text{本金} (1 + \text{利率})^{\text{期數}}$$

假設本金爲 1 元，年利率爲 100%（假設的理想狀況），如果一年結算一次，一年後拿到的本利和爲

$$本利和 =1(1+1)^1=2$$

如果六個月結算一次，一年後拿到的本利和爲

$$本利和 =1(1+0.5)^2=2.25$$

如果每一季結算一次，一年後拿到的本利和爲

$$本利和 =1(1+0.25)^4=2.44$$

觀察到了嗎？似乎越快結算一次，拿到的本利和越多。

如果我們能將結算的時間縮短到無窮小，也就是結算無窮多期，是不是能拿到無窮多的本利和呢？放心，或者說銀行可以放心，因爲這個值被尤拉證明是有極限的：

$$\lim_{n \to \infty}(1+\frac{1}{n})^n = 2.718281828459... = e$$

這個極限就是自然常數 e。

2-2 三角函數

2-2-1 直角三角形的邊角關係

如圖 2-2，有一直角三角形的邊長分別是 a、b 及 c，三邊除了符合畢氏定理 $a^2 = b^2 + c^2$ 以外，此三角形的邊角關係還可以用三角函數來表示。

1. 正弦 $\sin\theta = \dfrac{c}{a} = \dfrac{1}{\text{餘割 } \csc\theta}$

2. 餘弦 $\cos\theta = \dfrac{b}{a} = \dfrac{1}{\text{正割 } \sec\theta}$

3. 正切 $\tan\theta = \dfrac{c}{b} = \dfrac{1}{\text{餘切 } \cot\theta}$

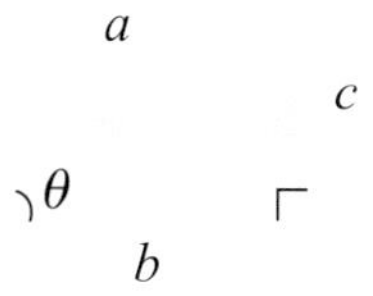

▲ 圖 2-2　直角三角形

在實務上，有幾個特殊角度的三角函數常會用到，在此一併列舉供讀者參考，如表 2-1 所示。

▼ 表 2-1　特殊角度三角函數

特殊角度	$\sin\theta$	$\cos\theta$	$\tan\theta$
$\theta = 30°$	$\dfrac{1}{2}$	$\dfrac{\sqrt{3}}{2}$	$\dfrac{1}{\sqrt{3}}$
$\theta = 45°$	$\dfrac{\sqrt{2}}{2}$	$\dfrac{\sqrt{2}}{2}$	1
$\theta = 60°$	$\dfrac{\sqrt{3}}{2}$	$\dfrac{1}{2}$	$\sqrt{3}$

在物理上，我們常常會使用 $\sin\theta$ 及 $\cos\theta$ 來表示投影量或是分量。

如圖 2-3，若 a 和 x 方向夾角為 θ，它在 x 方向的分量為 $a\cos\theta$，在 y 方向的分量為 $a\sin\theta$。你會發現，當 $a=1$ 時，在 x 方向分量 $\cos\theta$ 與 y 方向的分量 $\sin\theta$ 會符合以下關係：

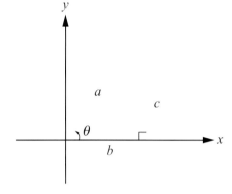

$$\sin^2\theta + \cos^2\theta = 1$$

▲圖 2-3　座標軸上的直角三角形

$\sin\theta$ 與 $\cos\theta$ 的大小介於 $1 \sim -1$ 之間，以下為兩個函數的值隨著 θ 變化的圖形，如圖 2-4 所示。

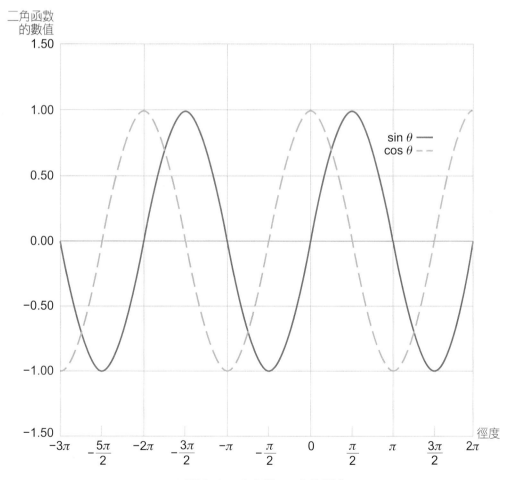

▲圖 2-4　$\sin\theta$ 與 $\cos\theta$ 的變化

2-2-2 複數的幾何意涵

複數平面

我們可以使用複數平面來表示任一個複數，水平座標為複數的實部，鉛直座標為該複數的虛部，所以複數 $z = a + bi$，在複數平面上的座標為 (a, b)，如圖 2-5。

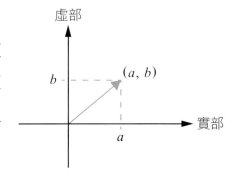

▲ 圖 2-5 座標上的實部與虛部

複數的極式

直角座標表示法 (x, y) 可以轉成極座標 (r, θ) 表示法。若某一點的 x-y 座標為 (a, b)，表示其 x 方向的分量為 a，y 方向的分量為 b。這個點也可以改成使用極座標 (r, θ) 來表示：r 為該點到原點的直線距離，θ 則為「該點與原點連線」和 x 軸的夾角，如圖 2-6。

複數平面的任何一個複數，也可以轉換成極座標表示（圖 2-7）：

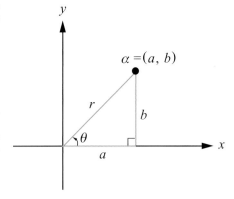

▲ 圖 2-6 直角座標表示法轉成極座標表示法

$$z = a + bi = r\cos\theta + r\sin\theta \times i = r(\cos\theta + i\sin\theta)$$

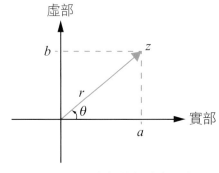

▲ 圖 2-7 複數轉換成極座標

以下兩個公式都跟複數的極座標有關：

尤拉公式（Euler's formula）

$$e^{i\theta} = \cos\theta + i\sin\theta$$

棣美弗定理（de Moivre's theorem）

$$(\cos\theta + i\sin\theta)^n = (\cos n\theta + i\sin n\theta), n \in N \quad (整數)$$

例 1 讓我們以右圖的範例來說明。有一複數 $z = 1 + \sqrt{3}i$，

請問其 10 次方為何？

解 首先，將複數轉為極座標表示，

利用畢氏定理可知

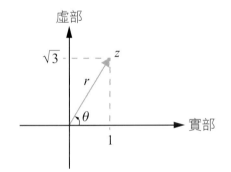

$$r^2 = 1^2 + \sqrt{3}^2 = 4$$

得出 $r = 2$

$$\cos\theta = \frac{1}{2}$$

$$\sin\theta = \frac{\sqrt{3}}{2}$$

查表 2-1 可知 θ 為 $60°$，於是

$$z = r(\cos\theta + i\sin\theta) = 2(\cos 60° + i\sin 60°)$$

$$z^{10} = r^{10}(\cos(10\theta) + i\sin(10\theta))$$

$$= 2^{10}(\cos 600° + i\sin 600°)$$

$$= 2^{10}(-\frac{1}{2} + \frac{-\sqrt{3}}{2})$$

$$= -512 - 512\sqrt{3}$$

2-3　量子物理常用的數學工具

　　量子物理常使用到線性代數，內容包含向量及矩陣等，以下我們將一一介紹。

2-3-1　向量

　　向量從字義上來看是有方向的量，所以這個量必須能標示它的方向和大小。向量需要多少個數字來標示，與該向量空間的維度有關。例如，在一維線上只需要一個數就能表示，但是在二維平面上需要兩個數字才能表示，三維立體空間就需要三個數才能表示，以此類推。

Bra-Ket 表示法

　　狄拉克（Paul Dirac）提出了 Bra-Ket 表示法，其中包含了寫成如 $|v\rangle$ 的「Ket」，用來表示向量和量子態，另有寫成如 $\langle v|$ 的「Bra」，和 $|v\rangle$ 對應。廣義來說，對於一般性的 N 維向量 $|A\rangle$，可以寫成具有 N 個元素的行向量：

$$|A\rangle = \begin{pmatrix} A_1 \\ A_2 \\ \vdots \\ A_N \end{pmatrix}$$

> **Bra-Ket 表示法**
>
> Bra-Ket 表示法是 1939 年時狄拉克將 bracket（括號）這個詞拆開後創造出來的，也稱為狄拉克表示法（Dirac Notation）。其中，Bra 包含一個左括號，可稱為左括向量；Ket 包含一個右括號，也可稱為右括向量。

　　至於 $\langle A|$ 則可用具有 N 個元素的列向量表示，而且它跟 $|A\rangle$ 是**共軛轉置**（conjugate transpose）關係[註1]，共軛轉置一般常用 †[註2] 表示。

$$\langle A| = |A\rangle^{\dagger} = (A_1^* \ A_2^* \ \cdots \ A_N^*)$$

這樣的表示法，是為了方便之後進行矩陣的運算。

註 1：共軛轉置將於 2-4-2 節介紹。
註 2：† 讀作 dagger（匕首），是對矩陣做轉置並對每個矩陣元素取共軛的運算子。

2-3-2 向量空間

向量空間指的是一組向量的集合，其中的每個向量（如下述 $|a\rangle$、$|b\rangle$、$|c\rangle$ 等）與純量（如下述 α、β 等，可為複數或實數）均滿足向量加法與純量乘法的規則。

向量加法的規則

1. 封閉性：任兩個向量相加的向量，還是在向量空間中 $|a\rangle + |b\rangle = |c\rangle$

2. 交換律：$|a\rangle + |b\rangle = |b\rangle + |a\rangle$

3. 結合律：$(|a\rangle + |b\rangle) + |c\rangle = |a\rangle + (|b\rangle + |c\rangle)$

4. 存在零向量 $|0\rangle$，使得 $|a\rangle + |0\rangle = |a\rangle$

5. 存在反向量，使得 $|a\rangle + |-a\rangle = |0\rangle$

純量乘法的規則

1. 純量 α 和向量 $|a\rangle$ 相乘得到另一個向量 $|c\rangle$，而新的向量也在向量空間中

$$\alpha |a\rangle = |c\rangle$$

2. 純量對不同向量乘積有分配律

$$\alpha(|a\rangle + |b\rangle) = \alpha |a\rangle + \alpha |b\rangle$$

3. 一般乘法與純量乘法的結合性

$$\alpha(\beta |a\rangle) = (\alpha\beta) |a\rangle$$

4. 存在單位元素 I，作用在向量會等於原有向量

$$I |a\rangle = |a\rangle$$

2-3-3 線性組合與線性獨立

線性組合是使用一組純量（ α 、 β 、 $\gamma \cdots$ ）將一組向量（ $|a\rangle$ 、 $|b\rangle$ 、 $|c\rangle$ ）做向量相加：

$$\alpha|a\rangle + \beta|b\rangle + \gamma|c\rangle + \cdots$$

如果可以找到一組不全為零的純量（ α 、 β 、 $\gamma \cdots$ ）可以讓此線性組合為零，則此組向量為**線性相依**，反之為**線性獨立**。

例 2 ▶ 若有三個向量分別為：

$$|a\rangle = \begin{bmatrix} 1 \\ -1 \\ 0 \end{bmatrix} \qquad |b\rangle = \begin{bmatrix} 1 \\ 0 \\ 2 \end{bmatrix} \qquad |c\rangle = \begin{bmatrix} 2 \\ -1 \\ 2 \end{bmatrix}$$

且 $\alpha|a\rangle + \beta|b\rangle + \gamma|c\rangle = 0$

則 $\alpha \begin{bmatrix} 1 \\ -1 \\ 0 \end{bmatrix} + \beta \begin{bmatrix} 1 \\ 0 \\ 2 \end{bmatrix} + \gamma \begin{bmatrix} 2 \\ -1 \\ 2 \end{bmatrix} = 0$

故 $\begin{bmatrix} \alpha + \beta + 2\gamma \\ -\alpha - \gamma \\ 2\beta + 2\gamma \end{bmatrix} = 0$

可以找到一組非零整數解 $\alpha = \beta = 1$ ； $\gamma = -1$

所以向量 $|a\rangle$ 、 $|b\rangle$ 、 $|c\rangle$ 為線性相依。

例 3　讓我們看另一個例子，若有三個向量分別為：

$$|a\rangle = \begin{bmatrix} 1 \\ 0 \\ 0 \end{bmatrix} \qquad |b\rangle = \begin{bmatrix} 0 \\ 1 \\ 0 \end{bmatrix} \qquad |c\rangle = \begin{bmatrix} 0 \\ 0 \\ 1 \end{bmatrix}$$

且 $\alpha|a\rangle + \beta|b\rangle + \gamma|c\rangle = 0$

則 $\begin{bmatrix} \alpha \\ \beta \\ \gamma \end{bmatrix} = 0$

只有在 $\alpha = \beta = \gamma = 0$ 才有解，表示三個向量線性獨立。

2-3-4　基底與維度

　　每個向量空間存在一組基底向量，其線性組合的結果可以表示任一個向量，就像三維座標系中，x、y、z 方向的單位向量分別為 $\hat{i} = (1, 0, 0)$、$\hat{j} = (0, 1, 0)$、$\hat{k} = (0, 0, 1)$，它們可以用來表示座標系中任何一個向量，就稱為**基底向量**。向量空間的**基底**彼此線性獨立，一組基底有多少個線性獨立的向量，就代表這個空間有幾個**維度**。

2-3-5　內積、張量積與正交

　　組成基底的向量間彼此線性獨立，任一個向量都無法使用其他向量來表示。為了方便，我們常運用到互相垂直的基底向量，亦即在向量空間中，這組基底的每個向量均互相垂直（內積為零），沒有重疊的部分。

內積的定義

$$ 若 \ |a\rangle = \begin{bmatrix} a_1 \\ a_2 \\ \vdots \\ a_n \end{bmatrix} \ 、 \ |b\rangle = \begin{bmatrix} b_1 \\ b_2 \\ \vdots \\ b_n \end{bmatrix} , \ 則內積為 \ \langle a|b\rangle = a_1^* b_1 + a_2^* b_2 + \ldots a_n^* b_n 。 $$

如以上公式所述，$\langle a|$ 為 Bra，是將行矩陣 $|a\rangle$ 轉成列矩陣後再取共軛複數。我們也可以輕鬆得到：

$$ \langle a|b\rangle = a_1^* b_1 + a_2^* b_2 + \ldots + a_n^* b_n = \langle b|a\rangle^* $$

正交歸一

組成基底的向量需要和別的基底向量正交，並和自己歸一，其為單位向量，長度（大小）應為 1。歸一的意思是：

$$ \langle a|a\rangle = a_1^* a_1 + a_2^* a_2 + \ldots a_n^* a_n = 1 $$

若 $|a\rangle$ 和 $|b\rangle$ 均為基底向量，則會互相垂直，內積為 0，稱為正交：

$$ \langle a|b\rangle = 0 $$

張量積

張量積（tensor product）使用 $\otimes$ 符號代表。若有兩向量 $|a\rangle$ 和 $|b\rangle$，

$$
假設 \; |a\rangle = \begin{bmatrix} a_1 \\ a_2 \\ \vdots \\ a_n \end{bmatrix} \; ; \; |b\rangle = \begin{bmatrix} b_1 \\ b_2 \\ \vdots \\ b_m \end{bmatrix} , \; 則 \; |a\rangle \otimes |b\rangle = \begin{bmatrix} a_1 \begin{bmatrix} b_1 \\ b_2 \\ \vdots \\ b_m \end{bmatrix} \\ a_2 \begin{bmatrix} b_1 \\ b_2 \\ \vdots \\ b_m \end{bmatrix} \\ \vdots \\ a_n \begin{bmatrix} b_1 \\ b_2 \\ \vdots \\ b_m \end{bmatrix} \end{bmatrix} = \begin{bmatrix} a_1 b_1 \\ a_1 b_2 \\ \vdots \\ a_2 b_1 \\ a_2 b_2 \\ \vdots \\ a_n b_m \end{bmatrix}
$$

量子態

我們常使用前面提到的 Bra-Ket 表示法，以基底向量的線性組合來表示量子系統的狀態。例如，光的偏振可分成水平方向和鉛直方向，若我們將水平方向的偏振態定為基底向量 $|0\rangle$，鉛直方向的偏振態定為基底向量 $|1\rangle$，那麼光子的偏振態可寫成：

$$
|\psi\rangle = \alpha |0\rangle + \beta |1\rangle
$$

從這樣的表示法可以看出，量子態 $|\psi\rangle$ 是由 $|0\rangle$、$|1\rangle$ 組合而成，是二者疊加的狀態。α 與 β 是複數純量，$|\alpha|^2$ 是偏振方向為 $|0\rangle$ 機率，$|\beta|^2$ 是偏振方向為 $|1\rangle$ 的機率。當 $|0\rangle$ 和 $|1\rangle$ 都是基底向量時，$|\alpha|^2 + |\beta|^2 = 1$。

2-4 矩陣與線性聯立方程組

2-4-1 矩陣之意義

一個 $m \times n$ 的矩陣，有 m 列（橫的）、n 行（縱的），包含 $m \times n$ 個元素：

$$
\begin{bmatrix}
a_{11} & \cdots & a_{1n} \\
\vdots & \ddots & \vdots \\
a_{m1} & \cdots & a_{mn}
\end{bmatrix}
$$

大小相同的矩陣，若要進行加法與減法，乃是針對相同位置的元素進行運算。矩陣的乘法比較複雜，若想將矩陣 A 與矩陣 B 相乘，則矩陣 A 的行數需要跟矩陣 B 的列數一樣，才能進行乘法運算。

以 2×3 的 A 矩陣及 3×2 的 B 矩陣為例：

$$
A = \begin{bmatrix}
a_{11} & a_{12} & a_{13} \\
a_{21} & a_{22} & a_{23}
\end{bmatrix}
\quad
B = \begin{bmatrix}
b_{11} & b_{12} \\
b_{21} & b_{22} \\
b_{31} & b_{32}
\end{bmatrix}
$$

$$
C = AB = \begin{bmatrix}
a_{11}b_{11} + a_{12}b_{21} + a_{13}b_{31} & a_{11}b_{12} + a_{12}b_{22} + a_{13}b_{32} \\
a_{21}b_{11} + a_{22}b_{21} + a_{23}b_{31} & a_{21}b_{12} + a_{22}b_{22} + a_{23}b_{32}
\end{bmatrix}
$$

相乘矩陣 C「第 m 列第 n 行的元素」是 A 矩陣「第 m 列的元素」乘上「B 矩陣第 n 行的元素」之後的加總。

運算子之矩陣表示

量子力學中有所謂的**運算子**（operator），也可以使用矩陣來表示，例如 $\begin{bmatrix} -1 & 0 \\ 0 & 1 \end{bmatrix}$ 可以作為一個運算子，作用在行向量（或某個量子態）上：

$$\begin{bmatrix} -1 & 0 \\ 0 & 1 \end{bmatrix}\begin{bmatrix} x \\ y \end{bmatrix} = \begin{bmatrix} -x \\ y \end{bmatrix}$$

在上述式子裡，運算子 $\begin{bmatrix} -1 & 0 \\ 0 & 1 \end{bmatrix}$ 作用在行向量 $\begin{bmatrix} x \\ y \end{bmatrix} = (x, y)$ 上，得到 $\begin{bmatrix} -x \\ y \end{bmatrix} = (-x, y)$。我們發現，行向量在 x 方向的值多了一個負號，y 方向的值則保持不變。換言之，這個運算子矩陣相當於把 y 軸當作鏡射軸，讓原向量和新向量以 y 軸成對稱。

在向量空間中，對向量進行運算（或稱為**線性轉換**），都可以使用矩陣來表示。廣義來說，可寫成以下形式：

$$\hat{T}|a\rangle = \begin{bmatrix} t_{11} & \cdots & t_{1n} \\ \vdots & \ddots & \vdots \\ t_{n1} & \cdots & t_{nn} \end{bmatrix}\begin{bmatrix} \alpha_1 \\ \vdots \\ \alpha_n \end{bmatrix}$$

2-4-2 特殊矩陣

單位（Identity）矩陣

對於某任意的 n 維矩陣，若其主對角線為 1，其餘元素均為 0，則稱為單位矩陣，我們賦予這樣的矩陣一個專門的符號 I。例如，2 維的單位矩陣為：

$$I = \begin{bmatrix} 1 & 0 \\ 0 & 1 \end{bmatrix}$$

轉置（Transpose）矩陣

原有 A 矩陣的元素 a_{ij}（第 i 列、第 j 行）在**轉置矩陣** A^T 中，會出現在 t_{ji}（第 j 列、第 i 行）。例如：

$$A = \begin{bmatrix} 1 & 3 \\ 2 & 4 \end{bmatrix} \ ; \ A^T = \begin{bmatrix} 1 & 2 \\ 3 & 4 \end{bmatrix}$$

正交（Orthogonal）矩陣

若 $A^T A = A A^T = I$，則稱 A 為**正交矩陣**，例如：

$$A = \begin{bmatrix} 1 & 0 \\ 0 & -1 \end{bmatrix} \ ; \ A^T = \begin{bmatrix} 1 & 0 \\ 0 & -1 \end{bmatrix}$$

$$A^T A = A A^T = \begin{bmatrix} 1 & 0 \\ 0 & 1 \end{bmatrix}$$

厄米特（Hermitian）矩陣

將原矩陣 A 轉置後，每個元素再取共軛複數，稱為**共軛轉置**矩陣 $A^\dagger$。如果矩陣的共軛轉置和原矩陣相同，則此矩陣稱為**厄米特矩陣**。例如：

若 $B = \begin{bmatrix} 1 & i \\ 0 & -1 \end{bmatrix}$，則其共軛轉置矩陣為 $B^\dagger = \begin{bmatrix} 1 & 0 \\ -i & -1 \end{bmatrix}$。

又 $A = \begin{bmatrix} 1 & 0 \\ 0 & -1 \end{bmatrix}$，$A^\dagger = \begin{bmatrix} 1 & 0 \\ 0 & -1 \end{bmatrix}$，因為 $A = A^\dagger$，所以 A 是厄米特矩陣。

2-4-3 本徵值之意義

向量空間中，若運算子對某向量作用後，會得到該向量乘以一個常數：

$$A|a\rangle = \lambda|a\rangle$$

表示運算子只讓該向量發生長度上的變化（拉長或是縮短），因此該向量可以呈現運算子本身的特徵，所以 $|a\rangle$ 稱為矩陣 A 的**本徵向量**（eigenvector），λ 為**本徵值**（eigenvalue）。並非所有矩陣都有本徵值，但厄米特矩陣一定會有。

以下為求得本徵向量與本徵值的方法：

將 $A|a\rangle = \lambda|a\rangle$ 的等號右側利用單位矩陣移到左手邊，

$$A|a\rangle - \lambda|a\rangle = 0 \rightarrow (A - \lambda I)|a\rangle = 0$$

如果解出上述方程式，就能找出本徵值和本徵向量。這裡需要用到一個定理：

本徵值是 $\det(A - \lambda I) = 0$ 的解

其中，det 代表行列式的值。舉例如下：

$$A = \begin{bmatrix} 0 & -i \\ i & 0 \end{bmatrix} \rightarrow A - \lambda I = \begin{bmatrix} -\lambda & -i \\ i & -\lambda \end{bmatrix} \rightarrow \det(A - \lambda I) = \det \begin{bmatrix} -\lambda & -i \\ i & -\lambda \end{bmatrix} = \lambda^2 - 1$$

令 $\det(A - \lambda I) = \lambda^2 - 1 = 0$，可以得到 $\lambda = 1$ 或 $\lambda = -1$。

當 $\lambda = 1$，帶入原本的方程式 $(A - \lambda I)|a\rangle = 0$

$$\begin{bmatrix} -1 & -i \\ i & -1 \end{bmatrix}\begin{bmatrix} a_1 \\ a_2 \end{bmatrix} = \begin{bmatrix} 0 \\ 0 \end{bmatrix} \rightarrow -a_1 - ia_2 = 0 \, , \, ia_1 - a_2 = 0$$

如果取 $a_1 = 1$，則 $a_2 = i$

$$|a\rangle = \begin{bmatrix} 1 \\ i \end{bmatrix} \xrightarrow{\text{歸一化}^{\text{註 3}}} |a\rangle = \frac{1}{\sqrt{2}}\begin{bmatrix} 1 \\ i \end{bmatrix}$$

同理，若將 $\lambda = -1$ 帶入，會發現 $|a\rangle = \dfrac{1}{\sqrt{2}}\begin{bmatrix} 1 \\ -i \end{bmatrix}$。

2-4-4 厄米特運算子在物理測量中的意義

關於厄米特矩陣的本徵值，存在定理如下：

1. 厄米特矩陣的本徵值必定為實數。

2. 一個 n 維的厄米特矩陣，具有 n 個正交的本徵向量。

註 3：關於歸一化請參考 2-3-5 節。

　　上述兩個定理非常重要，當要對量子態進行測量時，必須確認相應於測量的厄米特運算子矩陣的本徵向量，然後便可利用歸一化後的本徵向量作爲向量空間的基底。

　　另外，在量子力學中：

1. 所有可測量的物理量都可以使用厄米特運算子來描述。

2. 測量到的結果就是這個厄米特運算子的本徵值（而且必定是實數）。

　　這就是爲什麼**測量**這件事在量子力學那麼重要，因爲有了測量對應的運算子，就能推算測量的結果和量子態[註4]。我們將於〈量子測量〉這章再做進一步說明。

註 4：資料來源：姚珩、劉惠芬（2007）。量子力學導論。臺北市：五南。

量子計算的物理基礎

03

一般人聽到「物理」就會聯想到一堆公式及數學，覺得抽象又難以接近。事實上，「物理」（physics）的原意是「自然」，指的是與生活息息相關的科學。而物理學探討大自然物質與能量的本質以及現象所遵循的模式，是自然科學的學科中最基礎的科目。

3-1　古典物理學範疇

物理學的發展歷史悠久，從古希臘時期就開始發展，其發展大致分期如下：(1) 從遠古到中世紀屬古代時期；(2) 從文藝復興到 19 世紀，是經典物理學時期，牛頓力學在此時期發展，並影響光、聲、熱、電磁各領域；(3) 20 世紀量子論和相對論相繼出現，稱為近代物理學時期（圖 3-1）。

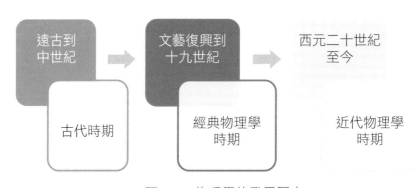

▲圖 3-1　物理學的發展歷史

古希臘物理學是屬於推理論證，透過觀察大自然的現象，經過歸納後，推論出產生該現象的原因可能是什麼，例如亞里斯多德根據日升月落的現象提出星球繞地球運轉的地心說。而中世紀的伊斯蘭世界強調知識的價值，將大量的希臘文獻翻譯成拉丁文。相較於古希臘，中世紀的伊斯蘭世界更重視觀測、實驗，並將實驗結果加以量化，由此發展出早期的科學方法。

古典物理學始於哥白尼《天體運行》一書的發行，哥白尼的日心說（太陽為天體運行中心）推翻了古希臘亞里斯多德及托勒密提出的地心說（地球為天體運行中心），而克卜勒根據觀測天體運行的數據，提出克卜勒三大行星運動

定律，建立行星繞恆星運行軌跡的數學模型，也符合哥白尼的口心說。物理學自此正式進入由實驗驗證理論與使用數學表示物理現象的階段。

　　由於實驗技術的進步，人們可以觀察並分析實驗數據，像是天體或元素所發出的光譜。透過分析這些光譜，可得到古典物理學理論無法解釋的結果，因此在不同尺度下的物理理論就必須修正。科學家用機率與統計來敘述這些現象，物理學自此邁入探索極大尺度（例如：宇宙、天文）和極小尺度（例如：原子結構）的近代物理學時代。

　　古典物理學和近代物理學的範疇如表 3-1。

▼表 3-1　古典物理學與近代物理學的範疇

古典物理學	近代物理學
● 古典力學 ● 聲學 ● 光學（幾何光學、物理光學） ● 熱力學 ● 電磁學	● 相對論（含廣義相對論） ● 量子力學（含量子場論）

3-2　波動

　　日常生活中有許多波動的現象，有些可以經由感官直接感覺或觀察到，例如透過身體能夠感覺到地震波、透過眼睛可以看到小石頭丟進水中所激起的漣漪（水波）、透過耳朵感覺到聲波而聽到聲音等。有些波動則無法透過感官直接感覺或觀察，需要藉由儀器才能偵測到，例如行動電話的通訊需要透過無線電波來進行、電視遙控器是透過不可見的紅外線光來控制選台等。

3-2-1　波的基本性質

　　擾動在介質中傳遞的現象，稱為**波動**（wave motion）。換句話說，波動是一種傳遞能量（動量、訊號）的現象。

　　若介質中某質點受到擾動而開始振動，會使鄰近質點受到影響，隨後也依次以相同的形式振動起來，而擾動的能量就是藉由這些質點的振動傳遞出去。如圖 3-2，彈簧上的物體振盪時，使得連接在物體上的繩子產生向右的正弦波，此時繩上的各點也會從連接物體的地方開始依序作振盪，能量則藉由這些質點的上下振動向右傳遞出去。

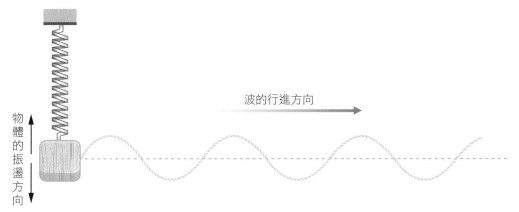

▲圖 3-2　彈簧上的物體振盪時，連接在物體上的繩子產生向右的正弦波，能量藉由繩子上下震動的各個質點向右傳遞出去

　　在波動的過程中，能量藉由介質振動來傳遞。能量會隨波前進，但介質並不會隨波傳遞，只會在原處振動（圖 3-3）。

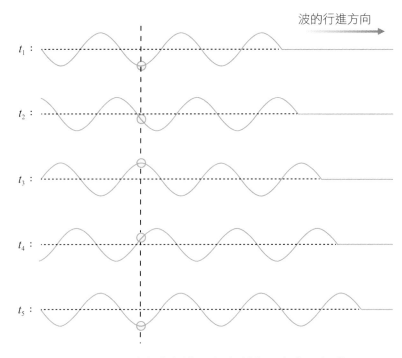

▲圖 3-3　波向右行進，但介質在原處上下振動

3-2-2 波動的種類

波動可依是否需要介質、介質的振動方向、時間性來分類。

1. 依是否需要介質分類：
   - **力學波（機械波）**：需要介質才可傳播的波。例如：繩波、水波、聲波。
   - **非力學波（電磁波）**：不需要介質就可傳播的波。例如：光波。
2. 依介質的振動方向分類：
   - **橫波（高低波）**：介質的振動方向與波的前進方向**垂直**，例如繩波。另外，雖然電磁波傳播時不需要介質，但變化的電場、變化的磁場、波的行進方向這三者彼此兩兩垂直，由於場的振盪方向和波的傳播方向垂直，因此電磁波可視為橫波。
   - **縱波（疏密波）**：介質的振動方向與波的前進方向**平行**，例如聲波。

(a) 橫波　　　　　介質的振動方向　　　　　波的行進方向

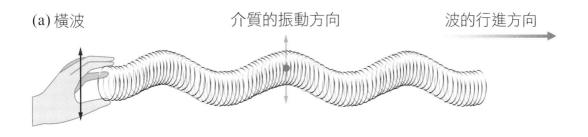

手的運動方向

(b) 縱波　　　　密　　介質的振動方向　　密　　波的行進方向

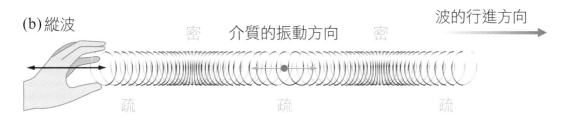

疏　　　　　　疏　　　　　　疏

▲圖 3-4　波動依介質的振動方向可分為：(a) 橫波；(b) 縱波

- **混合波**：波可能不是純粹的橫波或縱波，例如水波傳播時，水分子的運動軌跡近似於圓周運動（圖 3-5）。

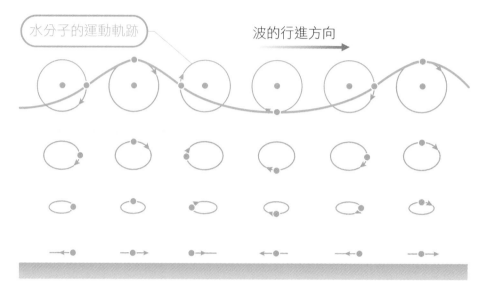

▲圖 3-5　水波在傳播時的運動軌跡近似圓周運動，是一種混合波

3. **依時間性來分類：**

- **脈衝波**：波源作**短暫、非連續**振動所產生的波。

- **週期波**：波源作**連續且週期性**（有規律）的振動所產生的波。

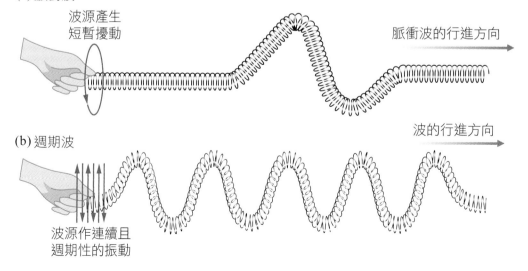

▲圖 3-6　(a) 脈衝波；(b) 週期波

3-2-3 週期波

　　最簡單的一種週期波就是正弦波，當每一瞬間的波形為正弦或餘弦函數的形狀便稱為**正弦波**。

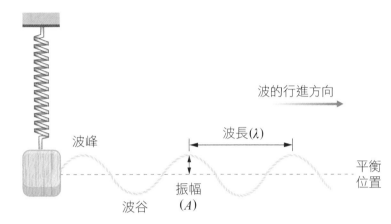

　　如圖 3-7 所示，相鄰兩波峰或相鄰兩波谷之間的距離稱為**波長**

▲圖 3-7　週期性的正弦波，波形的最高點稱為波峰，波形的最低點稱為波谷

（λ），質點偏離平衡位置的最大距離稱為**振幅**（A），質點完成一次完整的振動所需的時間稱為**週期**（T），此時這個波會剛好前進一個波長，因此可用週期的倒數表示單位時間內質點作完整振動的次數，也就是**頻率**（f）。

　　頻率（f）與週期（T）互為倒數關係，可以下式表示：

$$f = \frac{1}{T}$$

頻率（f）的 SI 單位為赫（Hz），即 1 / 秒（1/s）。

　　波速（v）是指波形的傳播速率。波形在一個週期 T 的時間內前進的距離恰好為一個波長 λ，由速度的定義「位移除以所經過的時間」並帶入上式，可得到：

$$v = \frac{波前進的距離 \Delta x}{所經過的時間 \Delta t} = \frac{\lambda}{T} = f\lambda$$

其中，波速（v）的 SI 單位為公尺 / 秒（m/s），波長（λ）的 SI 單位為公尺（m）。這個式子適用於任何形式的波動，例如聲波、水波等。

　　圖 3-8 為一向右行進的正弦波在不同時刻的位移情形，圖中 A 至 E 點的位移位置雖不相同，但是都會隨時間作週期性的變化，每隔一個週期就會完成一次完整的振動，而且波會向右移動一個波長。

　　圖 3-8 中的 A 點原本位於平衡位置，隨著時間變化，波向右行進，可看到 A 點於 t_1 時位移至波峰，於 t_2 時往下回到平衡位置，於 t_3 時位移至波谷，於 t_4 時又回到平衡位置。

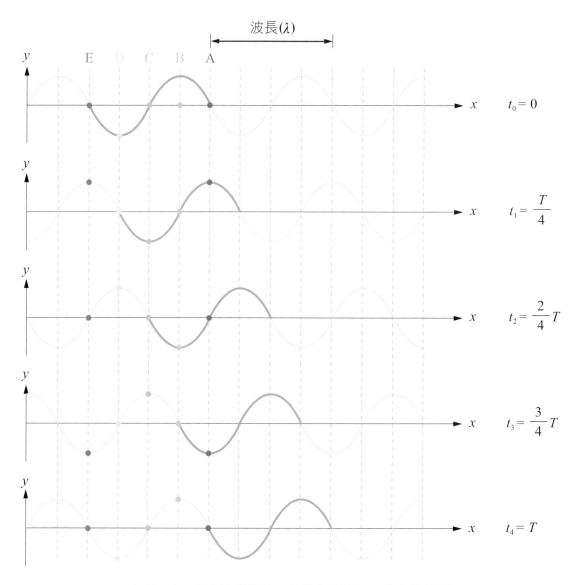

▲圖 3-8　正弦波傳播時，質點在不同時刻的位移情形

波的頻率是由波源決定，同一列波由一個介質傳播到另一個介質時，波的頻率不會改變。

而波速則是和介質的狀態及介質的種類有關，在不同的介質中，波的傳播速度並不相同。例如聲波在溫度高的時候比溫度低的時候傳播速度更快，又例如耳朵貼著地面聽（聲波藉由固體傳播）會比站著聽（聲波藉由空氣傳播）更快聽到大卡車駛近的轟隆聲響。

需要介質才能傳遞的波在固體的傳播速度最快，液體次之，氣體最慢。前面提到波速與頻率及波長的關係為 $v = f\lambda$，當一支音叉發出聲波，聲波由空氣傳到水中，聲波的頻率 f 不變，但波速 v 變大、波長 λ 變長。若某一光源發出光波，光波由空氣傳到水中，光波的頻率 f 不變，但波速 v 變小、波長 λ 變短。

練習題 1

下列敘述何者正確？

(A) 波必須靠介質才能傳播

(B) 波能夠傳遞能量

(C) 波能夠傳遞介質的質量

(D) 波能夠傳遞動量

(E) 在同一介質中傳播的波，當頻率加倍後，傳播速度也會加倍

練習題 2

假設有一個繞行地球的人造衛星被大隕石砸中而爆炸，請問地球上的人看得到火光嗎？聽得到爆炸聲響嗎？

3-2-4 波的疊加原理

　　想像一下，在同一條繩子上有兩個相向而行的波（如圖 3-9），在某一時刻 t_0，兩個波相遇；緊接著，兩波開始交疊，直到某個瞬間 t_1，兩個波完全重疊在一起；之後，兩個波繼續朝原來的方向前進，直到分開（t_2）。繩子上同時存在獨立的兩個波，以各自的方式前進（演化）且互不影響，交會重疊前後，兩波的個別性質（例如波速、波形）不會發生改變，這種性質稱為**波的獨立性**。而我們看到的，是兩個波在繩子上加總之後的結果，也就是波重疊部分的介質質點之振動位移為兩獨立波動的位移向量和，這就是波的**疊加原理**（superposition priciple），這樣的特性稱為**疊加性**。

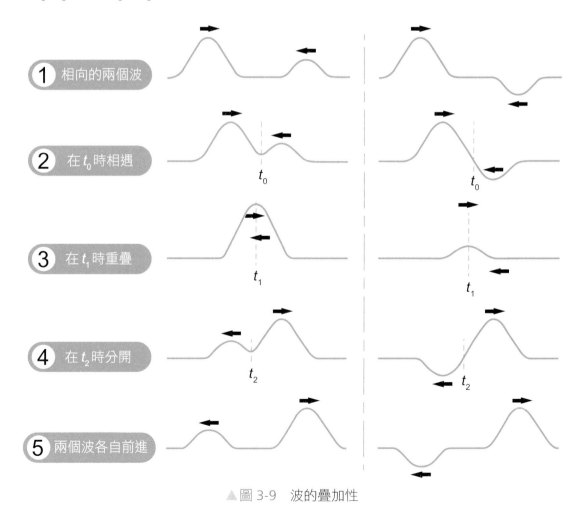

▲圖 3-9　波的疊加性

兩波重疊時，若兩波的波峰同時到達同一位置，或兩波的波谷同時到達同一位置（如圖 3-9 (a) 中的 t_1），則稱兩波在該位置**同相疊加**。若一波的波峰與另一波的波谷同時到達同一位置（如圖 3-9 (b) 中的 t_1），則稱爲兩波在該位置**反相疊加**。

換個方式想，如果我們觀察到某個波，也可以將其想成是由不同的波疊加在一起而成。如圖 3-10，假設同一處有 wave 1 和 wave 2 兩個波同時存在，我們只能觀測到圖 3-10 最下面的波形，而這個波是由 wave 1 和 wave 2 疊加而成。

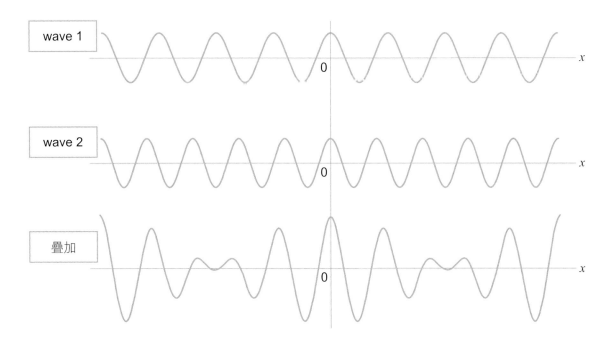

▲圖 3-10　假設同一處有 wave 1 和 wave 2 兩個波同時存在，我們只能觀測到 wave 1 和 wave 2 疊加後的波形（最下圖）

3-3　量子物理

　　西元 1900 年是古典物理與近代物理的分水嶺，從狹義相對論及量子力學的研究之後，人類對於時空概念多了一些現象的觀察及原理的推論。

　　在物理學裡，所謂的**量子化**（quantization）是指一個系統的能量是不連續、一個一個可數的一種特性。美國物理學家密立坎（Robert A. Millikan）經由油滴實驗發現，電子電量一定是 1.6×10^{-19} 庫倫的整數倍，而不是一個連續的量，這就是電量的量子化。

　　在微觀世界中，有許多物理量是不連續的。要使用量子物理解釋現象，就要從黑體輻射開始說起。

3-3-1　黑體輻射

　　溫度在 0 K（絕對零度）以上的任何物體都會放出電磁波，這種電磁波的放射成因與物體的溫度有關，故稱為**熱輻射**。物體不僅會放出熱輻射，也能吸收熱輻射，良好的熱輻射放出體也是良好的熱輻射吸收體。與環境達成熱平衡的物體，其放出和吸收熱能的速率相等，溫度維持一定。

　　能夠完全吸收熱輻射而毫不反射的理想物體，稱為**黑體**（blackbody）。由於真正的黑體難以尋找，所以實驗時以完全無法透出輻射的不透明材料製造出一個封閉的空腔（cavity），在空腔上鑽一個很小的孔，熱輻射從小孔進入空腔，如果這個小孔的孔徑夠小，輻射就無法立即從小孔射出（如圖 3-11），這個看起來漆黑的小孔便極為近似於黑體。當加熱至特定溫度時，可偵測到有熱輻射經由小孔向外射出，此輻射稱為**空腔輻射**（cavity radiation），它非常接近黑體輻射的性質，所以可將空腔輻射視為**黑體輻射**（blackbody radiation）。

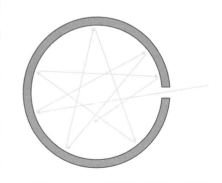

▲ 圖 3-11　黑體輻射實驗示意圖

　　為了解釋黑體輻射實驗的輻射強度分布曲線，科學家努力嘗試以各種理論解釋實驗曲線，但都沒能成功（如圖 3-12 中的瑞立－京斯理論與維因理論）。德國物理學家普朗克（Max Karl Ernst Ludwig Planck）在 1900 年 12 月 14 日發表能完美符合實驗曲線的公式，提出了**能量量子化**（quantization of energy）的假說，進而發展出量子論。

　　普朗克推導出黑體輻射的能量頻譜密度（其意義為單位頻率在單位體積內的能量）為：

$$u_\lambda(\lambda,\, T) = \frac{8\pi hc}{\lambda^5}\left(\frac{1}{e^{\frac{hc}{\lambda kT}} - 1}\right)$$

註：k 為波茲曼常數。

　　將上式畫成輻射強度與波長之關係曲線圖（圖 3-12）後，竟然完全符合實驗結果的曲線！

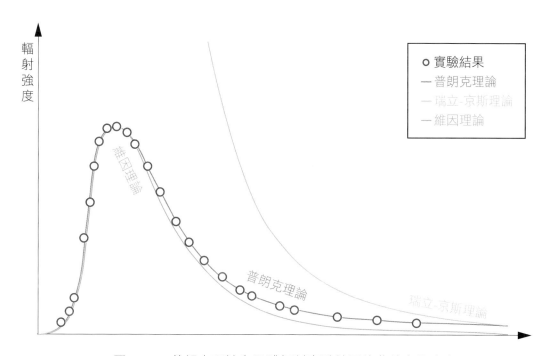

▲ 圖 3-12　普朗克理論和黑體輻射實驗結果的曲線完全吻合

3-3-2 量子論

　　普朗克的**量子論**假設空腔壁上的所有電荷皆為會來回振盪的電磁振子，每個振子皆有其特定的振盪頻率 f，而且各振子所具有的能量必為 hf 的整數倍，比例常數 h 就是**普朗克常數**（Planck constant）：

$$h = 6.626 \times 10^{-34} \text{ (J·s)}$$

也就是說，振子所具有的能量為：

$$E = nhf$$

其中，n 為正整數。換言之，各振子不能吸收或放出任意數值的能量，其所能吸收或放出的能量必為 hf 的整數倍，亦即振子所能吸收或放出的能量為：

$$\Delta E = nhf$$

　　普朗克放棄能量連續的觀念，改以能量不連續（能量量子化）的假設發展出量子論，完美地解釋黑體輻射實驗的結果。但由於普朗克的想法太過天馬行空，當時不僅科學界難以相信，連他自己也對理論存疑，後經愛因斯坦以「光量子論」成功解釋另一個原本無法解釋的光電效應實驗，量子論才逐漸被認同及相信，而普朗克也因對物理新概念的重大貢獻，於 1918 年獲頒諾貝爾物理獎。

3-3-3 光電效應

十九世紀末，德國物理學家赫茲（Heinrich Hertz）發現以光照射金屬時，金屬表面可能會放出電子，這種現象稱為**光電效應**（photoelectric effect），放出的電子稱為**光電子**（photoelectron）。

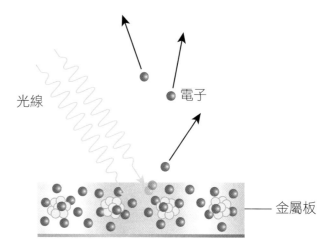

▲圖 3-13　光電效應示意圖

赫茲的學生雷納（Philipp Lenard）對光電效應進行深入的研究，他以如圖 3-14 的裝置來觀測光電效應。當紫外光（入射光）透過石英片打到置於真空的玻璃管內之金屬板 P（發射極）時，會產生光電子，若將雙刀開關撥向右方，即為施加順向電壓給光電子時，光電子會朝向金屬板 C（收集極）移動而形成**光電流**（photocurrent）。

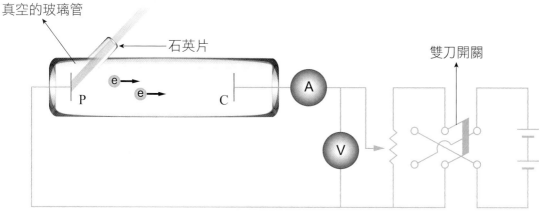

▲圖 3-14　光電效應實驗裝置示意圖

　　雷納的光電實驗結果發現，若入射光的頻率大於一特定值 f_0（此特定頻率稱為**底限頻率**，threshold frequency），無論入射光的強度再怎麼弱，都會立刻產生光電流。若入射光的頻率小於 f_0，無論入射光的強度再怎麼強，也無法產生光電流。換句話說，光電流是否產生，僅由入射光的頻率決定，與入射光的強度無關。例如綠光的頻率比紅光強，所以很弱的綠光可能比很強的紅光更能將電子從金屬板上打出來。

　　古典電磁波理論將光視為電磁波，是一種波動，越強的光則振幅越大，能量也越大。依照這個理論，應該更能讓電子從金屬板逸出，但這個預期卻與實驗結果不符，使得光的波動說在解釋光電效應時，遭遇極大的困難。

3-3-4 光量子與波粒二象性

　　愛因斯坦在 1905 年發表了一篇論文，他根據普朗克的能量不連續概念推論，黑體輻射中，空腔振子吸收或輻射的最小能量是 $E = hf$，那麼，與振子作能量交換的電磁波也應該是由能量量子化的**光量子**（light quantum）或稱為**光子**（photon）所組成，每個光子的能量也是 $E = hf$。由於光子的能量也具有不連續性，說明了光有粒子的性質。

　　光可視為一顆一顆的光子，能量 E 與光的頻率 f 有關，一個光子擊中一個電子時，電子會吸收光子所有的能量。電子得到的能量中，一部分用來使電子脫離金屬板的束縛，剩下的能量則成為電子的動能。

波粒二象性

　　光電效應實驗的結果發現，光電流是否產生僅由入射光的頻率決定，與入射光的強度無關。

　　波動說認為，只要光的強度夠強，波的振幅夠大，即可使電子脫離金屬板產生光電子，也就是說，是否產生光電流應該與入射光的頻率無關。波動說的這項推論無法解釋光電效應的實驗結果。

　　而光子說認為，若入射光的頻率小於底限頻率 f_0，電子所得到的能量不足以克服金屬板的束縛，故無法使光電子逸出。若增加光的強度，也只是增加單位時間的入射光子數，每個光子的能量並未增加，所以還是無法打出光電子。由此可知，光子說的理論可以解釋光電效應的實驗結果。

　　將光的能量假想成一顆一顆的能量包（光子），的確可以解釋光電效應的實驗結果，但令科學家頭痛的是，難道粒子才是光的本質嗎？

　　事實上，光同時具備了波和粒子兩種性質。光是粒子還是波，端看在什麼場合呈現出什麼性質，故稱光具有**波粒二象性**（wave-particle duality）。

物質波

　　法國的物理學家德布羅意（Louis de Broglie）將光的波粒二象性延伸到自然界的物質，他認為物質也都同時具有波和粒子的性質，只要是物質都有波長，無論是電子或是棒球，甚至你和我都有！

　　你一定會覺得科學家實在太瘋狂了，如果有波，為什麼看不到？

$$物質波波長\,\lambda = \frac{普朗克常數\;h}{動量\;p}$$

　　上式為德布羅意波長公式，由於式中的普朗克常數 $h = 6.626 \times 10^{-34}$ (J·s) 太小了，一個 0.1 公斤、時速 100 公里的棒球，物質波波長只有 2.39×10^{-34} 公尺，波長太短，以致於波動性不明顯。

　　但是這個瘋狂的想法，在電子穿過晶體產生繞射條紋時，從實驗結果得到了證明，這是因為電子的質量夠小，產生的物質波波長較長，因此有較明顯的繞射條紋，證實有物質波的存在。事實上，物質波並不是真正的波動，它不是力學波或是電磁波，而是屬於機率波，能用來表示物質出現的機率。更詳細的內容請參閱 5-1 節〈量子疊加的物理意義〉。

量子位元

　　前面介紹了計算機概論、基礎數學和物理，這些都是為了之後學習量子計算鋪路。從第一章〈量子計算的先備知識：計算機概論〉的內容我們已經知道，古典位元（bit）是計算機中最基本的單位。這一章除了詳細介紹量子位元（qubit）及其形成的條件，也會講解量子位元與古典位元的不同之處，並在本章最後說明目前有哪些方法可以實現量子位元。

4-1　物理上的概念

　　為了解釋古典物理不能解釋的現象，科學家發展出量子力學來描述這些現象。然而，深入了解量子力學所需要的數學與物理知識，並非一本書就能完全涵蓋，因此我們在此僅簡單介紹量子力學牽涉到的物理及數學概念。

　　量子力學具有以下幾個基本公設：

1. **量子態的符號表示方法**：量子系統可由複數空間（稱為**希爾伯特空間**，Hilbert space）中的（量子）態向量 ψ 來描述，以 Bra-Ket 表示法可寫為 $|\psi(t)\rangle$。

公設

在古典哲學中，公設是指一個並非直接顯明，但暫時在討論中不加證明而姑且認可的命題。

2. **測量與運算子**：每個可觀察的物理量都對應到特定的**厄米特運算子**（Hermitian operator）。量子測量的結果並不像我們用尺量長度時，量測到的可能是任意值，而是會對應到運算子的**本徵值**（eigenvalue），而每一個本徵值都存在對應的**本徵態**（eigenstate），用來作為基底向量，共同組成完整的基底。

3. **測量結果的機率與測量後的狀態**：對一個量子態 $|\psi\rangle$ 進行測量（對應到運算子 W）後，該量子態就會變成運算子 W 的本徵態，即 $|\psi\rangle \rightarrow |w\rangle$。測量到本徵態 $|w\rangle$ 的機率大小為 $P(w) = |\langle w|\psi\rangle|^2$。

4. **隨時間演變需要滿足的條件**：量子態隨著時間的變化，與對應該物理系統總能量的**漢米爾頓運算子**（Hamiltonian operator，常用 H 表示）有關，並遵守如下的**薛丁格方程式**（Schrödinger equation）：

$$i\hbar \frac{d}{dt}\left|\psi(t)\right\rangle = H\left|\psi(t)\right\rangle$$

由於漢米爾頓運算子和薛丁格方程式在本書之後的章節不會用到，在此就不多做介紹。

斯特恩－革拉赫實驗（Stern–Gerlach Experiment）

斯特恩－革拉赫實驗是量子力學發展歷史中非常重要的實驗之一，如圖 4-1(a) 的斯特恩－革拉赫實驗裝置圖所示，銀原子從高溫爐中射出，通過垂直方向的不均勻磁場後，打在螢幕上。古典物理預測，螢幕上會出現一大片光斑（如圖 4-1(b)）。

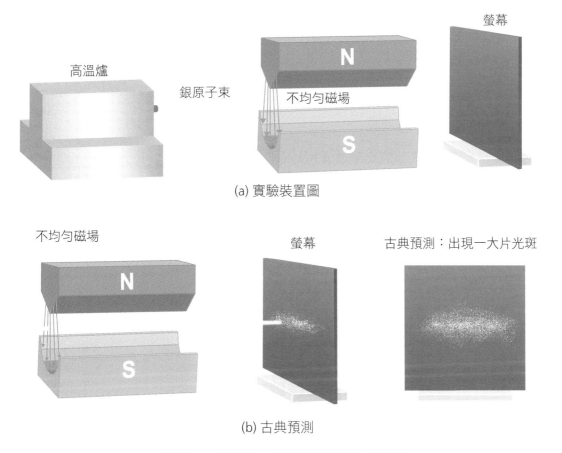

(a) 實驗裝置圖

(b) 古典預測

▲ 圖 4-1　斯特恩－革拉赫實驗的古典預測

　　而實際的實驗結果是，銀原子路徑會分成上下兩條，最後打在螢幕上兩個不同的地方（如圖 4-2），與古典物理的預測不符。

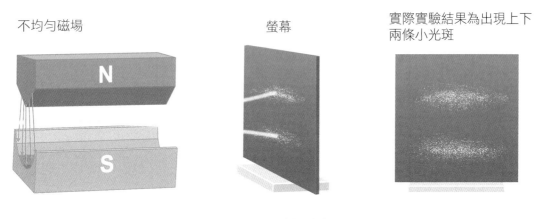

不均勻磁場　　　　　　　螢幕　　　　　　實際實驗結果為出現上下兩條小光斑

▲圖 4-2　斯特恩－革拉赫實驗結果

　　作為上述量子力學公設的範例，針對斯特恩－革拉赫實驗，我們可以分成以下幾點來討論：

1. 被加熱後射出的銀原子束可以視為一個物理系統，用狀態 $|\psi(t)\rangle$ 表示。這對應到前述第一個公設。

2. 電流會產生磁場，稱為電流的磁效應。在原子內部，電子繞著原子核的運動也屬於電荷流動，會造成**磁矩**（magnetic moment），類似小磁鐵。當銀原子束通過垂直方向（z 軸）的不均勻磁場，因其本身帶有磁矩，會受到不均勻磁場的影響而偏轉。在古典物理學裡，原子的磁矩可以是任意方向，

磁矩

代表磁鐵之磁性性質的向量。磁矩的方向為磁鐵南極指向磁鐵北極。若磁矩越強，該磁鐵越容易受到外加磁場影響，而與外加磁場同方向排列。

假設一個平面載流迴圈的面積向量為 a、所載電流為 I，則其磁偶極矩為 $\mu = I\mathrm{a}$。

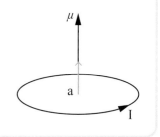

所以銀原子束打在螢幕上，應該呈現一大片光斑（如圖 4-1(b)），但實際上，螢幕只出現兩小條光斑（如圖 4-2），表示銀原子的磁矩只有兩個方向。讓銀原子束通過不均勻磁場，就等同針對銀原子進行磁矩的測量。（實驗所用）銀原子的磁矩只有兩個方向，對應到兩個不同的本徵值，且分別擁有相應的本徵態，這就是量子力學與古典力學不一樣的地方，古典力學沒有本徵態的概念，原子的磁矩可以是任意值。這對應到前述量子力學的第二個公設。

3. 不同的本徵值所對應到的不同本徵態，由於磁場作用，讓銀原子束分成往上和往下兩條路徑。換言之，原本銀原子束的狀態，已經因爲磁場的「測量」，變成了兩種不同的本徵態。這對應到前述的第三個公設。

4. 在斯特恩－革拉赫實驗裡，我們比較難看到量子態隨時間的變動，因此很難看到前述最後一個公設的效應。

　　一旦我們在斯特恩－革拉赫實驗中利用 z 軸方向的磁場將銀原子束分成往上走（如圖 4-3 中的 $z+$ 方向）和往下走（如圖 4-3 中的 $z-$ 方向）兩個方向（對應到兩種不同的磁矩方向），之後若再讓往上走（$z+$ 方向）的銀原子束通過 x 軸方向的磁場，會發現該銀原子束再度分裂成向左走（如圖 4-3 中的 $x-$ 方向）和向右走（如圖 4-3 中的 $x+$ 方向）兩條不同路徑。這表示，往上走的銀原子束經過 x 方向磁場的「測量」之後，又分成了兩種不同的本徵態，分別對應到向左走和向右走的路徑。

　　更奇怪的是，如果我們再針對向左走或向右走任一邊的銀原子束進行實驗，讓它再度通過 z 方向的磁場，會發現銀原子束又分裂成向上和向下兩個方向各半（如圖 4-4）。但照理說，會向下的銀原子束應該在一開始就被我們擋掉了才是？

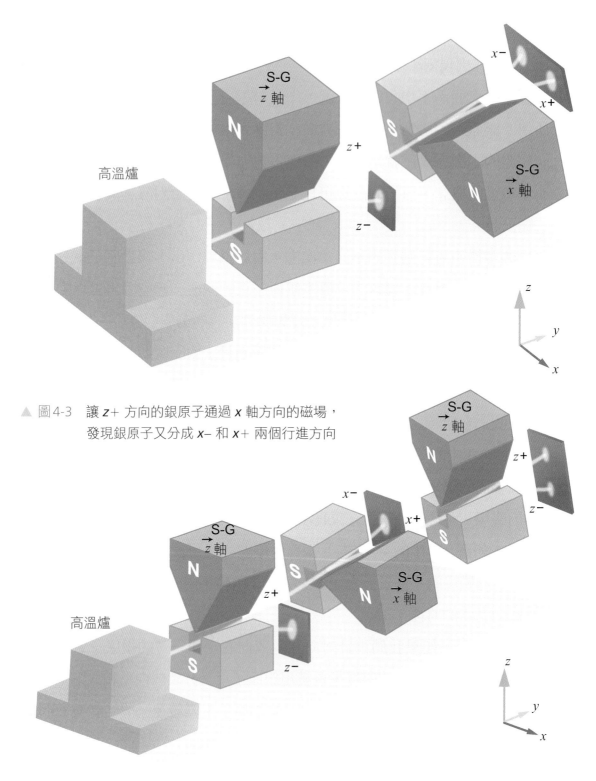

▲ 圖4-3　讓 *z*+ 方向的銀原子通過 *x* 軸方向的磁場，
　　　　發現銀原子又分成 *x*− 和 *x*+ 兩個行進方向

▲ 圖4-4　再次測量被認為只有 *z*+ 方向的銀原子束，發現其又分為向上（*z*+）和向下（*z*−）
　　　　兩個方向

如圖 4-5，利用 z 軸方向的磁場把向下的銀原子擋住後，向上的銀原子再通過 x 軸方向的磁場，進一步分成向左和向右兩個方向。若再對向左的銀原子施予 z 軸方向磁場，會發現又分成向上和向下兩個方向。

▲圖 4-5　銀原子經過 z 軸與 x 軸方向磁場的變化

像這麼複雜的現象，或多或少可以幫助我們理解，必須要創造一個更大的向量空間、擁有更多參數，才能完美地描述這個系統。所以，從這個角度來說，我們可以下一個不嚴謹的結論：量子系統所表示的狀態，需要在複數空間，也就是希爾伯特空間來描述。

關於斯特恩－革拉赫實驗，我們在之後的章節會再進行詳細介紹。

4-2　**量子位元的要求**

現在電腦在計算時，使用的基本單位是**位元**（bit），而量子電腦使用的基本單位是**量子位元**（qubit），是遵循量子力學的計算位元。在計算機概論的章節中我們曾經提過，電腦的核心概念主要來自於圖靈機。如圖 1-5 介紹過，圖靈機的三大要求包含：①**能建立 0 與 1**；②**能控制 0 與 1**；③**能讀取 0 與 1**，而所有的運算皆以二進制進行。由於量子電腦是基於圖靈機所發展出來的，因此量子位元也必須滿足這三大要求。

① **建立 0 與 1**

如果要讓量子位元能表示 0 與 1，那麼在設計量子位元時，必須讓用來製作量子位元的硬體在特定環境下只有兩個本徵態，其中一個代表 0 的本徵態用量子態 $|0\rangle$ 來表示，另一個代表 1 的本徵態則使用量子態 $|1\rangle$ 來表示。

只有兩個本徵態的意思是，在該環境下測量該量子系統，只會得到兩種不同的結果，分別用來代表 0 和 1。如果從能量的角度來說，在只有兩個能階的量子系統，可將能量較低的狀態表示為 $|0\rangle$，能量較高的狀態表示為 $|1\rangle$。除了能量之外，像是斯特恩－革拉赫實驗中，銀原子束的兩個不同磁矩方向，實際上來自於電子擁有兩種不同的**自旋**（spin）角動量，而這兩種不同的自旋狀態，也可以拿來作為 $|0\rangle$ 和 $|1\rangle$。之後的內容會再針對電子的自旋做介紹。

② 控制 0 與 1

在操作計算機時，我們藉由編寫程式來控制每個位元的狀態，而控制量子位元也是使用類似的方法。在古典的計算機（相較於量子計算機），我們依照不同硬體的特性來控制位元，例如改變半導體的電壓來改變該位元的導電性等。而在控制量子位元時，也需要依照不同的硬體特性來做操作，例如：在超導或離子阱（ion trap）型的系統，需要透過外加雷射或微波；在光子型的系統，需要外加透鏡或晶體；在核磁共振型的系統，則需要外加磁場。量子計算機和古典計算機不同的地方在於，當量子系統透過外加能量改變時，被改變的是該物理系統的狀態，這時量子位元的狀態就不一定會在原本系統的本徵態，也就是不完全為 $|0\rangle$ 或 $|1\rangle$。

初次接觸量子力學，一定會對量子態因為外在環境而改變感到十分驚奇。事實上，在斯特恩－革拉赫實驗中，我們讓銀原子通過不均勻的 z 軸磁場，再經過不均勻的 x 軸磁場，最後再通過不均勻的 z 軸磁場，其實就是一種量子態的控制。這個過程可以想像成，在第一次通過不均勻 z 軸磁場時，兩種不同的（電子）自旋狀態分別代表 $|0\rangle$ 與 $|1\rangle$，而我們讓 $|0\rangle$ 的狀態再通過不均勻的 x 軸磁場時，其量子態因為這外加的磁場而改變了，因此，在最後一次通過不均勻的 z 軸磁場時，又會得到向上和向下兩條路徑各 50% 的機率。量子系統每次遇到新的環境都會改變其量子態。

③ 讀取 0 與 1

　　當所有的計算完成之後，其結果必須經由量測得到，且需要易於分辨。例如，在古典電腦中，我們透過測量半導體系統的導電性差異來分辨訊號為 0 或 1。在量子電腦中也是一樣，需要透過測量取得需要的資訊。如同古典電腦的控制 0 與 1（如前述之 ②），量子測量的整個過程以控制量子位元來產生預期控制 0 與 1 的狀態，再藉由**特定的測量**取得資訊。但因為該量子位元有可能不處於特定測量方式的本徵態（也就是說，可能測得 0，也可能測得 1），因此需要**大量地測量**，取得此系統在這個特定測量方式下，結果分別為 0 與 1 的機率。

　　在此，我們先藉由斯特恩－革拉赫實驗來說明大量測量的意義。當銀原子通過 z 軸方向的不均勻外加磁場時，會因為磁場而處於「某個狀態」，直到銀原子打到螢幕，我們才能確定它的狀態是往上走還是往下走。雖然每一顆銀原子只有往上走或往下走這兩種狀態，但是銀原子束打到螢幕之前，無法先確知銀原子束中的每一顆銀原子屬於哪一狀態，所以必須蒐集夠多的銀原子，才能知道銀原子束的狀態分布，而非做一次測量就能知道結果。

　　更詳盡的量子測量細節，我們將在後面的章節做更多說明。

4-3　量子位元與古典位元

　　接下來，我們會就**物理上**、**數學上**、**資訊表示上**三個不同的面向來討論量子位元與古典位元的異同。

　　如 4-1 節所述，量子系統可由複數空間（即希爾伯特空間）中的向量來描述。量子力學討論的是物理系統所處的狀態，這讓量子位元與古典位元有很大的不同。古典位元從物理及資訊的觀點來看，就只有兩個獨立狀態，不是 0 就是 1，從數學的角度來說，就是「純量」，只有數值而沒有方向性。而量子位元是處於希爾伯特空間的「向量」，代表 0 與 1 的是被我們選定的本徵態。

物理機制上的不同，不僅造成量子位元與古典位元的差別，也讓量子計算與古典計算有本質上的差異。

接下來，我們針對只考慮單個位元的狀況做介紹。

▼表 4-1　量子位元和古典位元在物理、數學、資訊三個面向上的差異

	量子位元	古典位元
物理上	該系統處於某個狀態，與測量方式有關。測量後會落在特定狀態。	該系統處於特定狀態。
數學上	該狀態是一個屬於希爾伯特空間的向量。測量方式會在向量空間中給出一對正交的本徵向量，而測量結果即為系統原本狀態在這對本徵向量上的投影。	該特定狀態為一個純量，也就是「0」或「1」。
資訊上	雖然單一次測量結果會落在某一本徵向量，但多次測量並不會每次都落在同一本徵向量，所以藉由多次測量，將 0 與 1 的出現機率分別記錄下來，並且依據該機率分布對應其投影的大小。	將該結果定義為 0 或是 1。

由表 4-1 可知，當只有一個量子位元的時候，在數學的表示上，是利用一對相互正交的本徵向量當作基底來表示量子位元，這對基底向量可以表示為 $|0\rangle = \begin{bmatrix} 1 \\ 0 \end{bmatrix}$ 與 $|1\rangle = \begin{bmatrix} 0 \\ 1 \end{bmatrix}$，它們是正交且歸一的向量。

布洛赫球面（Bloch sphere）

　　像上述 $|0\rangle$ 與 $|1\rangle$ 這般在二維複數空間的量子態，可以用**布洛赫球面**來表示。如圖 4-6 所示，單一個量子位元利用布洛赫球面描述，通常定義北極為 $|0\rangle$，南極為 $|1\rangle$，且處於複數空間，我們可以想成，北極的 $|0\rangle$ 和南極的 $|1\rangle$ 兩者彼此獨立、互不影響，構成了正交基底。$|\psi\rangle$ 表示此系統的量子態。

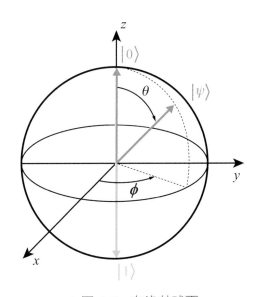

▲圖 4-6　布洛赫球面

　　圖 4-6 的布洛赫球面位於希爾伯特空間，而兩個正交歸　化的基底向量 $|0\rangle = \begin{bmatrix} 1 \\ 0 \end{bmatrix}$ 與 $|1\rangle = \begin{bmatrix} 0 \\ 1 \end{bmatrix}$ 分別指向北極和南極，看起來並非互相垂直。這是因爲球面處於複數空間，我們必須理解成兩者是在複數空間互相正交。在此量子系統中，任何一個狀態 $|\psi\rangle$ 都可以用 $|0\rangle = \begin{bmatrix} 1 \\ 0 \end{bmatrix}$ 與 $|1\rangle = \begin{bmatrix} 0 \\ 1 \end{bmatrix}$ 展開，針對 $|\psi\rangle$ 的測量只會得到非 $|0\rangle$ 即 $|1\rangle$ 的結果，且兩者機率相加必須爲 1。

　　任意一個量子位元的狀態，都可一對一地視爲布洛赫球面上的一點。 若使用極座標，可以將此量子態表示爲 $|\psi\rangle = \cos\frac{\theta}{2}|0\rangle + e^{i\phi}\sin\frac{\theta}{2}|1\rangle$，其中 θ 爲量子態與 $|0\rangle$ 的夾角，而 ϕ 爲相對相位（relative phase），即爲該量子態在 x-y 平面上的投影與 x 軸的夾角。在量子計算中，最重要的就是 θ 與 ϕ。數學上，我們很輕易地就可以驗證歸一化的性質：$\langle\psi|\psi\rangle = 1$，這代表 $|\psi\rangle$ 是完美的封閉系統。如果考慮眞實系統，就不一定符合歸一化的要求。通常，我們會將量子態寫成：

$$|\psi\rangle = \alpha|0\rangle + \beta|1\rangle$$

而且，測量結果得到 $|0\rangle$ 的機率爲 $|\alpha|^2$，得到 $|1\rangle$ 的機率爲 $|\beta|^2$，因此 $|\alpha|^2 + |\beta|^2 = 1$。

練習題 1

請驗證 $\langle\psi|\psi\rangle = 1$，也就是若 $|\psi\rangle = \alpha|0\rangle + \beta|1\rangle$，則 $|\alpha|^2 + |\beta|^2 = 1$。其中，$\alpha = \cos\frac{\theta}{2}$，$\beta = e^{i\phi}\sin\frac{\theta}{2}$ 爲複數。

多個位元的狀況

以上的討論，都聚焦在單個位元。如果是多個位元，又是如何呢？

在多個位元的情形下，以數學上的面向來看，複數空間的基底是使用張量積展開，通常每個位元所選擇的原始基底都一樣，因此創造出來的基底向量也都會相互正交。例如，假設每個量子位元皆使用 $|0\rangle = \begin{bmatrix} 1 \\ 0 \end{bmatrix}$ 與 $|1\rangle = \begin{bmatrix} 0 \\ 1 \end{bmatrix}$ 作為基底，那麼當有兩個量子位元時，就會有四個基底向量，分別是 $|00\rangle$、$|01\rangle$、$|10\rangle$ 與 $|11\rangle$[註1]，它們相互正交且歸一。當有 n 個量子位元時，將有 2^n 個相互正交且歸一的基底向量，也就是說，該狀態處於 2^n 維的希爾伯特空間。在物理上，這就必須準備 n 個相同的系統，而每個系統之間必須有相互作用。從資訊上來看，操作的過程中可以一次討論 2^n 個資訊量，並在其中找到所需要的解，而這個 2^n 的資訊量，會隨著 n 指數型增加。

▼表 4-2　當有多個量子位元和古典位元時，兩者在物理、數學、資訊三個面向上的差異

	量子位元	古典位元
數學上	當考慮兩個以上的量子位元，其基底向量將做張量積，也就是當有 2(3, 4, ..., n) 個量子位元，該狀態處於 4(8, 16, ..., 2^n) 維的希爾伯特空間。	當考慮數個位元，其狀態為一串數，即為一個數列。
物理上	當考慮兩個以上的量子位元，必須讓每個系統能分別獨立作用，必要時彼此之間又能夠交互作用。	每個位元都是獨立控制。
資訊上	一次可以處理的資料量為指數型增加，也就是如果有 n 個量子位元，最多的資料量為 2^n。	一次僅可以處理一組資料。

註1：$|00\rangle$ 代表 $|0\rangle \otimes |0\rangle$，$|01\rangle$ 代表 $|0\rangle \otimes |1\rangle$。相關數學請參考第 2-3-5 節。

▼表 4-3　量子位元數目與處理資料量的關係

量子位元的數量	一次可以處理的資料量
1	2
2	$2^2=4$
3	$2^3=8$
10	$2^{10}=1024$
100	$2^{100}=1.268 \times 10^{30}$

　　從表 4-3 可以知道，當擁有的量子位元數越多，一次能處理的數據會以指數型增加。理論上，只需要 50-60 個量子位元，就可以跟現在最好的超級電腦有一樣的計算能力。當到達 500 個量子位元時，一次就能處理 2^{500} 個資料量，比全宇宙的原子數目還多。這是非常驚人的，也是量子計算在特定問題上相對於古典計算更具有優勢的其中一項最重要的原因。

練習題 2

當每個量子位元基底皆用 $|0\rangle = \begin{bmatrix} 1 \\ 0 \end{bmatrix}$ 與 $|1\rangle = \begin{bmatrix} 0 \\ 1 \end{bmatrix}$ 展開，試驗證兩個量子位元的基底皆相互正交且歸一。此外，利用數學歸納法或是其他方法，確認當有 n 個量子位元時，將有 2^n 個相互正交且歸一的基底向量。

4-4　目前主要的量子位元實現方式

由前面幾個小節可知，要製造出量子計算機或量子電腦，就必須創造量子位元，而且還要控制它、讀取它。相較於古典位元，這不是一件簡單的事，因為量子位元的狀態十分不穩定，很容易受到測量或是環境影響（也算是一種測量）而改變它的狀態。目前較具代表性的實現方式如表 4-4。

▼表 4-4　實現量子位元的不同方式

實現方式	描述	公司
超導電路	使用溫度接近 0K 的低溫超導態電子電路。 使用微波脈衝進行邏輯閘操作。	Google、IBM、Intel、Rigetti、Alibaba、D-Wave
束縛離子	以離子阱和雷射冷卻實現量子位元。 照射雷射光進行量子閘操作。	IonQ
半導體量子點	使用半導體奈米結構的量子點來實現量子位元。	Intel
鑽石 NV 中心	使用鑽石中氮空位（NV）缺陷的電子自旋和核自旋。	-
光學量子計算	以非古典的光（連續及單光子）實現量子計算。	XANADU
拓樸	以拓樸超導體來做量子位元，可以抵抗雜訊。	Microsoft

（資料來源：宇津木健（2020）。圖解量子電腦入門（莊永裕譯）。臉譜。（原著出版於 2019 年））

從表 4-4 可以發現，像是讓原子困在一個位能較低（位能井）的地方，或是冷卻原子等辦法，都可以幫助實現比較穩定的量子態。但即使在科技發達的現在，這些都不是容易的事。這是全球研究機構致力研發的目標。

量子疊加

在量子的世界裡，充斥著許多古典物理中不存在的現象，其中最重要的一個性質，稱為量子疊加，代表的是量子系統可能同時處於不同的狀態。本章將會說明量子疊加在物理上、數學上與資訊上的意義，及其在量子計算中的用途。

5-1　量子疊加的物理意義

不管是我們一般稱呼的物質或是波，在量子的世界裡，其實都具有波和粒子的特性，只不過，當我們觀測的時候，它們究竟會呈現波還是粒子的特性，要視情況而定。也就是說，粒子具有波粒二象性，波也具有波粒二象性，這一點和古典物理的原則非常不一樣（在古典物理範疇，並不存在這樣的現象），以致在 20 世紀初，物理學家對此相當困擾。但是，量子力學的原則已透過許多實驗驗證，至今依然是正確的。

波粒二象性

愛因斯坦在 1905 年寫下一篇解釋光電效應（亦即太陽能發電的原理）的論文，讓他獲得 1921 年的諾貝爾獎。光電效應的解釋，說明光除了可看作是一種波，同時也可看成是一種粒子，這就是光的波粒二象性（wave-particle duality）。

波函數

在量子力學裡，量子系統的狀態（量子態）是以**波函數**（wave function）來描述。波函數具有波的性質，也有疊加性，但是跟我們習慣的波（如繩波、水波）很不一樣。繩波和水波都是由實際的物質（即介質）來傳遞，波函數則是一種機率波，代表（該量子系統的）粒子在空間中出現的機率密度分布。當

機率波在某處的振幅平方 $\left|\psi(\vec{x},t)\right|^2$ 越大，表示粒子在該處出現的機率越高。

　　一般講到粒子，我們腦海裡浮現的圖像，可能是擁有固定形體、佔據空間中某特定位置的微小顆粒。而在量子世界裡，就算是粒子也具有波動的性質，由波函數來描述其位置，換句話說，它跟我們熟悉的波十分類似，沒有特定的位置。如果某個粒子的波函數（機率波）具有單一的波長與振幅，延展到整個空間，那麼就表示，這個粒子可能出現在空間中的任何地方，而且出現的機率分布相當均勻。

波函數與疊加態

　　反過來說，如果現在有某個粒子，它只出現在空間中非常小的一個範圍之內，近似於我們習慣的、有特定位置的粒子，那麼其機率波會呈現出什麼樣子呢？在這樣的狀況下，我們可以想像，該機率波應該在對應的空間範圍內振幅的平方非常大，但是在其餘地方的振幅則應該小到可以忽略。換句話說，我們無法使用只具有單一波長和振幅的機率波來描述這個粒子，而是需要利用許多不同的波疊加在一起，才有辦法解釋它的性質。

　　圖 5-1 是粒子出現的範圍及其波函數的示意圖，其中，藍色線條代表波函數的實數部位，紅色線條代表振幅的平方（即粒子出現的機率密度），x 軸上深淺不一的紅色影子代表粒子的出現範圍，影子顏色越深，代表粒子在該處的出現機率越

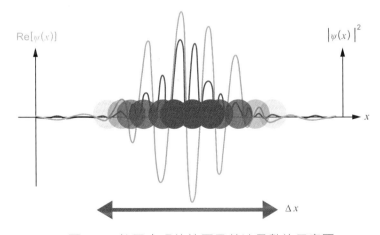

▲圖 5-1　粒子出現的範圍及其波函數的示意圖

高。這個粒子主要出現在空間中非常小的範圍，所以無法使用單一波長和振幅的機率波來描述，一定要由多個波疊加在一起，才有可能呈現這樣的機率分布。

我們或許曾經聽說過，測量量子系統實際上測量到的只是機率分布或是機率波，主要的原因就是量子疊加特性。由於無法利用單一個波去描述單一個粒子的運動行為，而是有很多的波疊加在一起，所以必須不斷地測量該系統，把所有的可能性找出來，而每個可能的波發生的機率也不同，所以才會有量子力學因其機率的特性，而不被愛因斯坦相信的故事。

實驗上的疊加態

暫時撇開上述的物理理論，在物理實驗上，又要怎麼看到所謂的疊加態呢？我們可從光的偏振來思考。光的偏振，來自於「光是電磁波」這個事實。如圖 5-2 的示意圖中，光的前進方向（即電磁波的前進方向）與其電場和磁場的變動方向兩兩相互垂直，而「光的偏振」指的就是其電場振盪方向（如圖 5-2 中的紅色部分）。

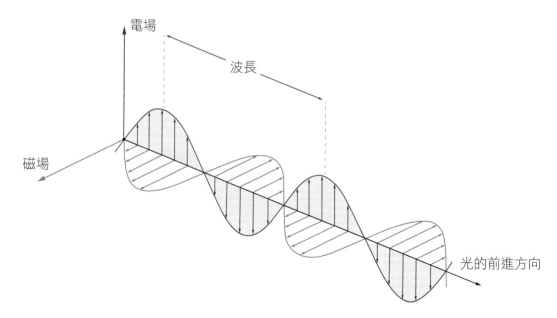

▲圖 5-2　電磁波前進方向示意圖。紅色為電場振盪方向，藍色為磁場振盪方向，黑色箭頭
　　　　 代表光的前進方向

　　雖然電場的振盪方向要和光的前進方向垂直，但往同一方向前進的光，仍然可能具有不同的偏振。想像現在有一偏振片，只允許在垂直方向偏振的光通過，於是當光通過偏振片後，就只剩下垂直偏振的分量（如圖 5-3(a)），如果這時再放一片只允許水平偏振的光通過的偏振片，那麼這道光就完全會被這兩片偏振片的組合阻擋（如圖 5-3(b)）。

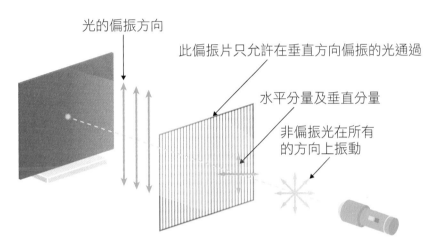

光的偏振方向

此偏振片只允許在垂直方向偏振的光通過

水平分量及垂直分量

非偏振光在所有
的方向上振動

(a) 非偏振光通過只允許在垂直方向偏振的偏振片時

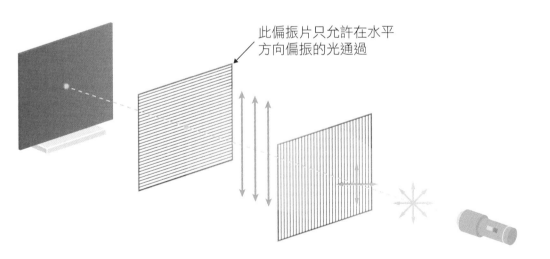

此偏振片只允許在水平
方向偏振的光通過

(b) 加入只允許在水平方向偏振的光通過之偏振片後，垂直
　　分量的光無法通過第二片偏振片

▲ 圖 5-3　當兩個偏振片互相垂直，最終將不會有光線通過，因為所有方向的偏振光都被擋
　　　　　住了

但是，如果我們在垂直與水平方向的偏振片中間再放一個只允許 45° 方向偏振的光通過的偏振片，那麼這道光最終會有一部分可以通過此三片偏振片的組合（如圖 5-4）。

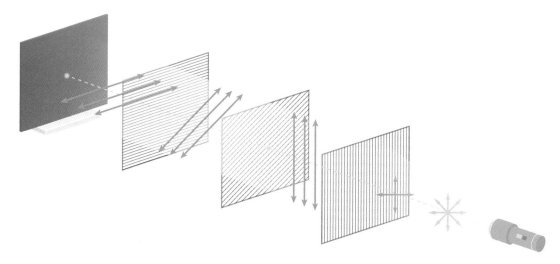

▲圖 5-4　在互相垂直的兩偏振片中間夾一個 45° 的偏振片，將有部分光可以通過三個偏振片

以上敘述的現象，可以用疊加態來理解。如圖 5-4，我們可以想像，當穿過第一個偏振片後，光處於垂直偏振的狀態，而第二片 45° 的偏振片雖然又會阻擋一部份的光線，但光線通過後，偏振就變成了 45° 的方向，可視為垂直、水平各半的偏振光疊加而成，因此，光線就能通過第三片只允許水平偏振光通過的偏振片了。

回到前一章介紹的斯特恩－革拉赫實驗，從高溫爐出來的銀原子可以視為由兩種不同狀態疊加而成，在經過（z 軸方向的）不均勻磁場後，因為兩種狀態對磁場的反應不同，所以被區分成兩條不同的運動路徑。若我們遮住往下的銀原子，並讓往上運動的銀原子穿過 x 軸方向的不均勻磁場，此時銀原子會分成往左和往右兩條路徑，代表原本往上走的銀原子，也可視為由往左和往右走的兩種狀態疊加，這些現象都跟前面所提到光的偏振類似。因此，粒子具有類似波的行為，而波的一個基本特性，就是具有疊加性。

練習題 1

電磁波（即光）皆有偏振，也就是電場振盪方向。我們可以在相機鏡頭專賣店買到所謂的 CPL 鏡（環形偏光鏡），便可使用它來拍出特殊的照片，例如拍攝水面下的魚，卻沒有水面上的波光粼粼。請試著用偏振光解釋為何可拍出這樣的照片。在玻璃後的人物照片是否也可以這樣拍？是否能用同樣的想法去除金屬表面反射的光？

5-2　量子疊加的數學解釋與意義

若要用數學描述波的行為，最簡單的方式就是利用三角函數。例如，我們可以簡單寫出下列的波動方程式：

$$\psi = A\cos(kx - \omega t + \delta)$$

或

$$\psi = A\sin(kx - \omega t + \delta)$$

要使用 cos 還是 sin，要視波在 $\delta = 0$ 且時間和位置亦均為 0 時，是在振幅最大（即波峰，此時用 cos 表示）或是在振幅為 0（即平衡點，此時用 sin 表示）而定。其中，A 代表波的振幅；k 稱為波數（wave number），代表每 2π 長度的波長（λ）數目，即 $k = \dfrac{2\pi}{\lambda}$；$\omega$ 為角頻率，代表每秒經過多少弧度，由於波每經過一次週期（T）就被視為轉了一周（2π弧度），因此 $\omega = \dfrac{2\pi}{T} = 2\pi f$（f為頻率）；$\delta$ 稱為**相位**，代表當時間 t 和位置 x 均為 0 時，波形處於何種狀態。

根據上面的波動方程式，當 $k > 0$ 時，隨著時間經過，波形會往右移動；而當 $k < 0$ 時，波形會隨時間經過往左移動。所以，我們可以利用上面的數學式來描述 sin 和 cos 這種簡單波形的移動。然而，任何一個簡單的波形，都可視為兩個以上的波疊加。例如，考慮某個

$$\psi = A\cos(kx - \omega t) + B\sin(kx - \omega t) = \sqrt{A^2 + B^2}\cos(kx - \omega t + \delta)$$

的波，其中 $\delta = -\tan^{-1}\dfrac{B}{A}$。實際上，我們無法分別看到 ψ 的組成 $\psi_1 = A\cos(kx - \omega t)$ 和 $\psi_2 = B\sin(kx - \omega t)$，而只會看到 $\psi = \sqrt{A^2 + B^2}\cos(kx - \omega t + \delta)$，這是由 ψ_1 與 ψ_2 疊加而成。

此外，如果是不同頻率的三角函數相加，就可能會得到更複雜的波形。要注意的是，在同樣的介質中，波速 v 都是相同的，且 $v = \lambda f = \dfrac{\omega}{k}$。同時，我們還可以透過**尤拉公式**（Euler's formula）：

$$e^{i\theta} = \cos\theta + i\sin\theta$$

將波動方程式寫成如 $\psi = Ae^{i(kx - \omega t + \delta)}$ 的形式，它的實數部位就是單純的 cos 波形。這樣做的好處是，在後續的數學運算上比較簡單，待運算完成，我們可再取其實部，即得到想要的物理結果。

波動的分量與瓊斯向量

前面提到的波動方程式所處理的只有單一方向的波動，我們也可以將其擴充，同時描述兩個不同方向的波動，例如寫成 $\begin{cases} \psi_y = A_y e^{i(kx - \omega t + \delta_y)} \\ \psi_z = A_z e^{i(kx - \omega t + \delta_z)} \end{cases}$，而 $\sqrt{\psi_y^2 + \psi_z^2}$ 即為波的振幅，ψ_y 與 ψ_z 則可視為該波動在 y 軸與 z 軸上隨時間變化的投影量。以光的偏振問題為例，我們可以將某電磁波的電場寫成

$$\begin{cases} E_y = E_{0y}e^{i(kx-\omega t+\delta_y)} \\ E_z = E_{0z}e^{i(kx-\omega t+\delta_z)} \end{cases}$$ ，E_y 與 E_z 分別代表該電磁波在 y 軸與 z 軸上隨時間變化的

電場強度。如果 $\delta_y = \delta_z = 0$ 且 $E_{0y} = E_{0z}$ 時，代表該電磁波往 $+x$ 軸方向移動，

且電場振盪方向與 y 軸和 z 軸夾 45°。若 $E_{0y} = 0$，那麼電磁波的電場就只在 z

軸上振盪，也就是偏振乃垂直方向。

由於上述兩條方程式描述的是同一個波，所以兩者的 k 與 ω 均為同樣的

數值。我們可以進一步將其改寫為 $\begin{cases} E_y = E_{0y}e^{i\delta_y}e^{i(kx-\omega t)} \\ E_z = E_{0z}e^{i\delta_z}e^{i(kx-\omega t)} \end{cases}$ ，再提出兩者的共同項，

寫成 $E = e^{i(kx-wt)} \begin{bmatrix} E_{0y}e^{i\delta_y} \\ E_{0z}e^{i\delta_z} \end{bmatrix}$ ，如此一來，後面括號描述的就是關於該波的偏振狀

態，而 $J = \begin{bmatrix} E_{0y}e^{i\delta_y} \\ E_{0z}e^{i\delta_z} \end{bmatrix}$ 則被稱為**瓊斯向量**（Jones vector）。以前面的例子來說，

當 $\delta_y = \delta_z = 0$ 且 $E_{0y} = E_{0z} = E_0$，即表示 $J = E_0 \begin{bmatrix} 1 \\ 1 \end{bmatrix}$。為了方便起見，我們常透過

歸一化（normalization，使向量長度為 1 之意）將其進一步改寫成 $\hat{J} = \dfrac{1}{\sqrt{2}} \begin{bmatrix} 1 \\ 1 \end{bmatrix}$，

$\hat{J}$ 代表歸一化後的向量。同理，若偏振只在 z 軸方向，表示 $E_{0y} = 0$，那麼就可

以將瓊斯向量寫為 $\hat{J} = \begin{bmatrix} 0 \\ 1 \end{bmatrix}$。

疊加態與基底

根據上一段的說明，我們將光在 y 軸上的偏振用 $\hat{J} = \begin{bmatrix} 1 \\ 0 \end{bmatrix}$ 表示，且定義為

$\hat{j}_y$；光在 z 軸上的偏振用 $\hat{J} = \begin{bmatrix} 0 \\ 1 \end{bmatrix}$ 表示，且定義成 $\hat{j}_z$。於是，在 y-z 平面上，與

y 軸和 z 軸夾 45° 的偏振光，可以使用 $\hat{j} = \dfrac{1}{\sqrt{2}} \begin{bmatrix} 1 \\ 1 \end{bmatrix} = \dfrac{1}{\sqrt{2}} \left(\begin{bmatrix} 1 \\ 0 \end{bmatrix} + \begin{bmatrix} 0 \\ 1 \end{bmatrix} \right) = \dfrac{1}{\sqrt{2}}(\hat{j}_y + \hat{j}_z)$

來描述。$\hat{j}_y$ 與 $\hat{j}_z$ 即我們在第二章提到的基底，而所有在 x 軸方向行進，且具有

相同頻率、波長的光（意即 k、ω 相同），皆可用 $\hat{j}_y$ 與 $\hat{j}_z$ 表示。

從上述的例子，我們可以很容易理解到：

1. 光的偏振在 z 軸與 y 軸是獨立的；

2. 所有位在 y-z 平面上的偏振，都可以用 z 軸和 y 軸的偏振疊加來描述；

3. 所謂的疊加態，就是將波用特定的基底展開。

在前一節提到的偏振片實驗中，各放置一片只允許垂直和水平方向偏振光通過的偏振片時，則沒有光線能夠通過，就是這個原因。因爲不管是 y 軸還是 z 軸的偏振分量，都分別被兩片偏振片擋住了。

練習題 2

如同 5-1 節介紹的，我們在一道自然光的路徑上放置兩個互相垂直的偏振片，該道光線將無法通過。但若在這兩片互相垂直的偏振片中間，放置一片 45° 的偏振片，將會發現部分光線能夠通過三片偏振片。請嘗試以 5-2 節介紹的數學解釋這個現象。

5-3 資訊上的疊加態

在計算機的核心，需要「位元」的概念，也就是每個計算位元必須可以代表 0 與 1，不論是古典電腦還是量子電腦，都必須具有這個特性。然而，由於兩者所使用的物理機制不一樣，使得它們在計算方式及思考上都大不相同，而疊加態就是造成兩者不同之最重要的特性。

表 5-1 整理出電腦與相關聯的簡單物理機制對應。

▼表 5-1　資訊與物理上的簡單對應

	資訊上	物理上
基礎硬體	基於圖靈機，所有最基礎的計算元件必須可以良好地定義 0 與 1。	由於資訊上的需求，必須找到某個物理系統，它具有兩個狀態，一個狀態代表 0，另一個狀態代表 1。
操控	利用不同程序的操控，確立所要解的問題。	物理上所謂的操控，就是外加能量於該系統，使其可以在兩個狀態間互換。
量測	透過量測得到的狀態，記錄成 0 與 1，進而得到答案。	物理上所謂的量測，就是測得系統所處的狀態。

因為運用到的物理機制不同，在古典電腦上，並無法展現疊加性，只有量子電腦擁有這個特性，能同時代表 0 與 1。為了方便起見，我們在表 5-2 整理出簡易的對照表，後續再詳盡說明為何量子電腦具有疊加性。

▼ 表 5-2　古典電腦與量子電腦在基礎硬體、操控與量測上的異同

	古典電腦	量子電腦
基礎硬體	在古典物理的範疇內，於特定的系統中，用相同的操作過程，就會得到特定的狀態。	在量子物理的範疇內，我們使用某個量子系統的一組二元量子態作為量子位元。這樣的一組量子態是由兩個正交基底狀態任意疊加而成，例如選擇狀態 0 和狀態 1 當基底，這通常被稱作 Z 基底（Z-basis）。當處於某特定量子狀態時，除非剛好位於狀態 0 或狀態 1，否則一般並不會對應到古典的單一狀態。
操控	外加能量於系統，使其可以在兩個狀態間互換（該外加能量有時間序列關係）。	外加能量於系統，使其可以在不同位元狀態間轉換，例如可透過光或磁場，或是與介質的交互作用，將系統從原量子狀態演化至特定的量子狀態。
量測	相同的操作過程會得到特定的狀態，因此每次量測到的狀態都是一致的。	量子系統狀態的量測會對應一組正交基底的選擇。例如想知道此位元是 0 還是 1 而做的 Z 量測，測量結果會有時出現 0，有時出現 1，出現機率對應到原疊加態的 0 和 1 之比例。尤其測量完之後，原疊加態會被破壞，而塌縮成測量到的狀態 0 或狀態 1。

基礎計算元件：位元

　　位元，就是一個特定的物理系統，能夠具有兩種不同的物理狀態分別代表 0 和 1，並可經由改變外在條件來控制。例如，在半導體中，可以利用導電與否當作 0 與 1，像是以 0 代表不導電、以 1 代表導電。其中，半導體就是物理系統，外加的偏壓就是所謂的外在條件，導電或不導電就是所謂的物理狀態。

　　在量子電腦中，量子位元也是基於兩種不同的物理狀態（稱作為**基底狀態**），來建構單一位元更豐富的狀態，稱為**量子態**。要造就量子電腦，也需要特定的物理系統來作為載體，以及可控的外在條件與機制用來改變狀態。以斯特恩－革拉赫實驗為例，從爐中射出的銀原子可作為量子位元這個「系統」，而它帶有兩種不同的自旋方向可作為「基底狀態」。單一個銀原子，除非剛好

是處於 100%「自旋向上」或是 100%「自旋向下」的狀態，否則，一般來說，任意一個自旋狀態都是「自旋向上」和「自旋向下」兩種基底狀態的疊加。這時，假設每個銀原子一開始的物理狀態完全相同，而我們試圖透過斯特恩－革拉赫實驗去確認其狀態為自旋向上或向下時，每次的測量結果都可能不會一樣，測得向上或向下將會依照一定的機率出現。這跟古典物理是完全不同的。像這樣一個量子系統同時處於不同狀態，且不同狀態有特定的機率分布，就稱為**疊加態**。

在量子世界中，若想要知道某個位元的精確量子狀態，就一定得對它進行測量，但所有的測量都會像斯特恩－革拉赫實驗一樣，得到非 0 即 1 的結果（像是自旋向上對應到 0，向下對應到 1），而測量之後原先的量子狀態將不復存在，只會呈現測到的狀態。我們知道，測量對量子位元來說是一種干擾，會破壞原始的量子態，既然得不到原始的量子態，當然更不可能複製它了，這就是**量子不可複製原理**。這是古典資訊和量子資訊在本質上的區別，也是量子資訊的基礎。

由於量子力學的不確定性和機率特性，愛因斯坦一直不認同量子力學，曾說出「上帝不擲骰子」（God does not play dice）的名言。然而，這一百年間，物理學的無數實驗都可以用量子力學解釋。目前，物理學家認為，相較於古典力學，量子力學更貼近宇宙的運作規則。

其實，若要完全獲知某一量子位元狀態並非全無可能。假定我們能準備這一個狀態的數個備份，讓我們可以藉由不斷地測量從 0 和 1 的出現機率得到疊加態的成分資訊以及相位資訊，便可以拼湊出原始的位元狀態。關於量子測量的進一步討論，可以參考第六章。

系統的操控和演算

電腦要能夠運作，除了要建立必要的硬體元件與控制機制之外，還必須有正確的操作步驟，稱為**演算法**。雖然古典電腦遵循的是古典物理學，量子電腦

遵循的是量子物理學，但是作為計算機的運作概念來看，古典電腦與量子電腦基本上都是需要透過物理機制，比如外加某種力場或能量，以一定步驟操控該系統，進而使系統演化到我們想要的狀態，因為該狀態對應到某個問題的答案。

另一個有趣的巧合是，古典電腦的演算法是由每個位元的狀態操作，以及多個位元間的邏輯操作來構建。比如說，藉由古典位元的單位元 NOT 運算、雙位元的 AND 與 OR 運算，便可建構出現代電腦的所有功能。時至今日，所有已被發現的量子電腦演算法，依然遵循類似的架構，亦是可由單量子位元與雙量子位元的邏輯操作來實現。

然而古典電腦與量子電腦因為遵循的物理法則不同，在運作上存在非常大的差異。以位元的邏輯運算為例：古典的邏輯單元會有輸入與輸出端，欲運算位元可以直接複製其位元狀態當作輸入，運算結果的輸出亦可直接複製寫入某一位元，因此這些資訊流是精確且單線的。而量子的邏輯單元，因為量子狀態的不可複製性，僅能讓量子位元直接參與運算，因此對資訊保護較為脆弱。然而量子位元可以是 0 與 1 的疊加態，因此被當成輸入時，輸入 0 與 1 將會同時地進行處理。而在參與運算的位元數目愈來愈多時，其同時輸入的可能性將成指數增加，這樣的**量子平行性**是使得量子運算超越古典運算的重要因素。

量子態與位元的對應

從前面的介紹，我們可以清楚知道古典計算與量子計算的不同，但為了更精確地預測量子態的變化，就需要數學的介入。在 5-2 節中，我們提到可以將光的偏振或疊加態利用基底做展開，而在量子計算中，就是利用兩個正交的向量 $|0\rangle = \begin{bmatrix} 1 \\ 0 \end{bmatrix}$ 與 $|1\rangle = \begin{bmatrix} 0 \\ 1 \end{bmatrix}$ 作為基底，當作量子電腦中的 0 與 1。

對於任意的量子位元狀態，我們可以將其波函數寫成：

$$|\psi\rangle = e^{ir}(\cos\frac{\theta}{2}|0\rangle + e^{i\phi}\sin\frac{\theta}{2}|1\rangle)$$

換言之，$|\psi\rangle$ 可視爲 $|0\rangle$ 與 $|1\rangle$ 的疊加。其中，r 被稱爲全域相位（global phase），在量子計算上並不重要，故在此暫不多做說明[註1]。從物理的角度來看，這個波函數代表了一個物理系統，處於 $|0\rangle$ 和 $|1\rangle$ 這兩種狀態的疊加，而我們觀測到 $|0\rangle$ 的機率爲 $\left|\cos\dfrac{\theta}{2}\right|^2$，觀測到 $|1\rangle$ 的機率爲 $\left|e^{i\phi}\sin\dfrac{\theta}{2}\right|^2 = \left|\sin\dfrac{\theta}{2}\right|^2$。在計算機上，這代表該位元同時可以是 0 與 1，而實際的操作就是測量數百到數千次，以判斷 0 與 1 出現的機率，也就是 $\left|\cos\dfrac{\theta}{2}\right|^2$ 與 $\left|\sin\dfrac{\theta}{2}\right|^2$ 的數值。

當考慮多個量子位元時，會利用多個正交歸一的基底向量做展開 (請參考 2-3 節)，而每個基底向量都分別對應到計算機中個別位元的 0 與 1。例如，假設有三個量子位元，那麼所有的基底向量爲 $|000\rangle$、$|001\rangle$、$|010\rangle$、$|011\rangle$、$|100\rangle$、$|101\rangle$、$|110\rangle$ 與 $|111\rangle$[註2]，並且對應到位元的 000、001、010、011、100、101、110 與 111。要注意的是，這些基底向量都是相互正交的。

在以上三個量子位元的描述下，量子態可以寫成：

$$|\psi\rangle = \alpha_0|000\rangle + \alpha_1|001\rangle + \alpha_2|010\rangle + \alpha_3|011\rangle + \alpha_4|100\rangle + \alpha_5|101\rangle + \alpha_6|110\rangle + \alpha_7|111\rangle$$

而得到 000、001、010、011、100、101、110、111 的機率分別爲 $|\alpha_0|^2$、$|\alpha_1|^2$、$|\alpha_2|^2$、$|\alpha_3|^2$、$|\alpha_4|^2$、$|\alpha_5|^2$、$|\alpha_6|^2$、$|\alpha_7|^2$，且 $|\alpha_0|^2 + |\alpha_1|^2 + |\alpha_2|^2 + |\alpha_3|^2 + |\alpha_4|^2 + |\alpha_5|^2 + |\alpha_6|^2 + |\alpha_7|^2 = 1$。當八個係數（$\alpha_0$、$\alpha_1$、$\cdots\alpha_7$）中同時有兩個以上不爲 0，這個量子態就能稱爲疊加態，代表它存在著不只一種狀態。若是有 n 個量子位元，就會總共有 2^n 個相互正交的基底向量，我們可以將其狀態寫成通式：

$$|\psi\rangle = \alpha_0|00...0\rangle + ... + \alpha_{2^n-1}|11...1\rangle$$

也就是該系統最多可以同時處於 2^n 個狀態的疊加。

註 1：有關「全域相位」請參見 8-2 節的説明。
註 2：$|000\rangle$ 代表 $|0\rangle \otimes |0\rangle \otimes |0\rangle$，$|001\rangle$ 代表 $|0\rangle \otimes |0\rangle \otimes |1\rangle$。張量積的概念請參見第 2-3 節。

1. 計算下列每個量子態的出現機率，以及其所代表的二進位數字：

    (1) $\dfrac{2}{\sqrt{5}}|0\rangle + \dfrac{1}{\sqrt{5}}|1\rangle$。　　(2) $\dfrac{2}{\sqrt{17}}|00\rangle + \dfrac{3}{\sqrt{17}}|01\rangle - \dfrac{1}{\sqrt{17}}|10\rangle + \dfrac{\sqrt{3}i}{\sqrt{17}}|11\rangle$。

2. 試證明 $\left| e^{i\phi}\sin\dfrac{\theta}{2}\right|^2 = \left|\sin\dfrac{\theta}{2}\right|^2$。

3. 量子的特性使得系統就算處於同一個環境下，也會有不只一種結果，而且每個結果會視環境而有不同的發生機率。因此，使用量子計算時必須進行多次量測，才能知道每個狀態發生的機率。當實現量子電腦時，在只有一個量子位元的情況下，得到 0 的機率若為 P，得到 1 的機率則為 1 − P，其中，1 > P > 0.5。請思考，當 P = 0.6 時，需要測量多少次才能有效分辨出 0 的機率比較大？（本題並非要算出精確數字，而是去理解：當 P 約等於 1 − P 時，需要更多的測量才能得到所需的答案，也就是未來執行量子電腦時，所必須考慮到的測量次數問題）。

　　我們已分別由物理、數學和資訊的角度解釋什麼是疊加態。簡單來說，就是量子系統的狀態可由兩個以上的不同狀態疊加而成。套用在演算法上，最直接的優勢就是可以一次輸入所有的可能狀態。對古典計算而言，亦即所謂的平行運算（古典計算是一次次地分別輸入 0 到 2^n-1 個數值，而量子計算可以一次輸入所有的數字），這也讓量子計算比古典計算在處理一些特定的複雜問題時更具有優勢。我們將於第九章〈量子演算法〉再詳細介紹。

量子測量

6-1　量子測量 vs 古典測量

在這一章，我們要探討「測量」的意義。

日常生活中，如果想要了解物體的某個特性，可以利用適當的工具來得知它的「狀態」。舉例來說，健康檢查的時候，我們使用具有公分刻度的尺來確認每個人的身高，使用具有公斤刻度的體重計來獲知每個人的體重，而這些行為都是測量。我們會依據測量的項目（即物理量）和想要達到的精確度來選擇使用的工具，並將測量的結果或數值記錄下來（圖 6-1）。

▲ 圖 6-1　健康檢查時以具有刻度的測量工具測量身高、體重

　　就我們的生活經驗來說，物體的狀態在被測量的前後應該是一致的，就像我們的身高和體重不會因為健康檢查而突然變高或變重。換言之，物體的狀態並不會因為測量的行為而產生改變，這就是古典物理學中的測量。

　　但是在原子或是比原子更小的尺度下，也就是必須用量子力學來描述的世界裡，測量卻沒有那麼簡單，「測量」的這個行為本身會影響到被測物體，改變其物理狀態，就好像著名的「薛丁格的貓」想像實驗，一隻貓和一個裝有少量放射物質及毒氣的裝置同時被封在一個不透明的金屬箱子裡，放射性物質有50%的機率發生衰變，並且釋出毒氣把貓殺死，但也有50%的機率不會發生衰變，貓就能保持存活狀態。箱子裡的放射性物質可能發生衰變，也可能不會，因此貓便處於一種可能是生，也可能是死的疊加態，除非我們把箱子打開（類似於測量行為，改變了箱子的狀態）確認貓的生死，否則封在箱子裡的貓永遠都是處於生死疊加態（圖 6-2）。

▲ 圖 6-2　著名的「薛丁格的貓」想像實驗，在打開箱子之前，對觀測者而言，箱子裡的貓　　　　　一直處於既生又死的疊加態

另外，在測量之前，量子系統乃處於不同可能狀態的疊加，這有點類似我們看到的白光實際上是由不同顏色的光線疊加而成，但不同的是，我們可以運用工具（例如不同顏色的濾光鏡片）來看到特定顏色的光。然而，在量子系統的測量，最後呈現哪一個狀態是依機率而定，不像光線的例子可以利用濾光鏡片來調整看到的顏色。

接下來，我們會以光的偏振性為例，說明在量子力學的世界裡，「測量」是如何改變量子系統的物理狀態。

6-1-1 光的偏振性

在物理上，若波的傳播方向與其振盪方向垂直，稱為**橫波**。眼睛看得到的可見光是屬於特定波段的電磁波。電磁波為橫波，具備互相垂直振盪的電場 $\vec{E}$ 和磁場 $\vec{B}$，兩者又與電磁波的傳遞方向垂直。圖 6-3 中，電場在 y 方向振盪，磁場在 z 方向振盪，電磁波則為向 $+x$ 軸方向前進。

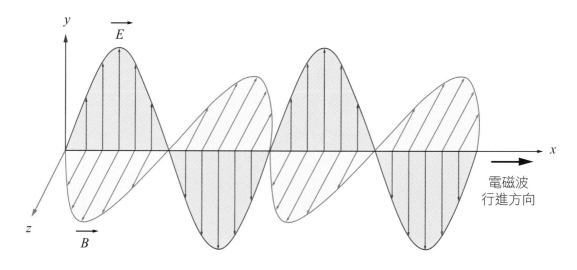

▲圖 6-3　電磁波前進方向與電場和磁場的振盪方向兩兩互相垂直

　　橫波朝某特定方向振盪的性質稱爲**偏振**（polarization）。習慣上，我們將電磁波的偏振定義爲其電場的振盪方向，所以圖 6-3 中的電磁波之偏振爲 y 方向。雖然電磁波都具有偏振的特性，但現實生活中常見的太陽光或燈光等，大多屬於「非偏振光」，這是因爲它們是由許多電場振盪方向不同的光所組成（圖 6-4），所以當我們觀察這些光時，它們的偏振可被視爲不固定、沒有特定方向。

　　偏振光在學術研究和科技領域非常重要，具有許多不同用途，像是 3D 電影和液晶顯示器（LCD）就會利用到偏振光。將「非偏振光」轉變成具有特定偏振的「偏振光」是很重要的技術，但是要怎麼做，才能把光束的電場振盪方向調成一致呢？

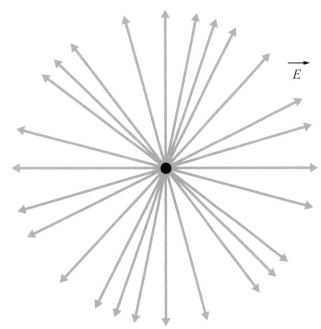

▲ 圖 6-4　日常生活中的光線，大都是由許多不同偏振的光所組成，換言之，並沒有特定的電場振盪方向

3D 電影和液晶顯示器的應用

在 3D 電影中，螢幕會呈現兩種不同偏振的光，我們戴的 3D 眼鏡會幫助兩眼分別接收到不同偏振的畫面，從而產生立體的效果。

液晶顯示器則是利用偏振光來調節光線的明暗。

6-1-2 使用偏振片來確定光的偏振

　　若要產生特定方向的偏振光，在現實中常利用「偏振片」，功能是只讓特定偏振方向的光通過，說明如下。

1. 若光偏振的方向和偏振片一樣，則光可以通過。

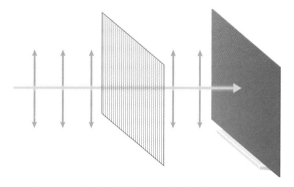

▲ 圖 6-5　光的偏振方向為鉛直上下，和偏振片的方向一樣

2. 若光偏振的方向和偏振片垂直，則光無法通過。

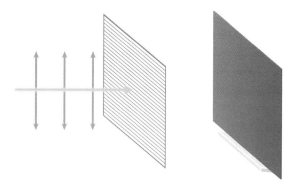

▲ 圖 6-6　光的偏振方向為鉛直上下，沒有水平方向的分量，所以無法通過水平方向的偏振片

3. 非偏振光經過偏振片後，變成偏振光。

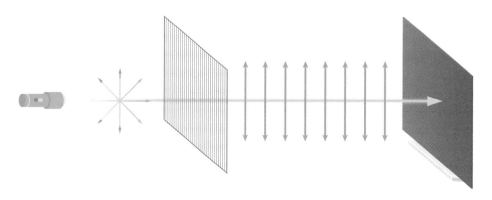

▲ 圖 6-7　原本沒有特定偏振方向的光，遇到鉛直上下方向的偏振片後，只有符合偏振片方向的光通過

6-1-3　偏振片等同於量子測量

　　非偏振光穿過偏振片後，變成具有特定電場振盪方向的偏振光。這個特性和前面章節曾經介紹過的「量子系統在經過觀測之後，原本波函數的疊加態會塌縮變成單一確定狀態」（圖 6-8）非常相似。

$|\psi\rangle$
描述量子位元的波函數
（量子疊加態）

測量

量子位元經測量後變成
單一確定狀態
（波函數已經塌縮）

▲ 圖 6-8　量子測量會讓波函數由疊加態變成單一確定狀態

　　若以量子力學的角度來詮釋光穿越偏振片的行為，可以把光想成是由許多光的粒子所組成，這些粒子稱為光子（photon），而非偏振光的光子，其偏振並沒有明確、固定的方向。當我們測量單一光子的偏振時，會有一定機率看到它在某個方向，但也有機率發現它在另一個方向。換言之，光子的狀態可視為不同方向偏振態的疊加，不同的偏振態各自有一定的機率被觀測到。

　　當我們讓單一光子穿越偏振片時，就形同對其進行測量。如果光子通過了偏振片，表示在該光子的可能狀態中，偏振方向與偏振片相同的狀態被觀測到了，即波函數塌縮成為單一確定狀態。若我們讓許多光子穿越偏振片，一部分會被擋住，另一部分會通過，以古典物理學的角度來說，就表示非偏振光通過偏振片後，變成單一方向的偏振光了。

　　在下一節，我們將繼續就光子穿越偏振片的例子，介紹量子測量所需要用到的基礎數學知識，並討論更複雜的測量情境：如果我們以不同的角度旋轉偏振片，會有什麼影響？光子通過偏振片的機率是否會有所變化？

6-2　測量運算子與測量結果的關係

6-2-1 偏振光測量前：量子態

　　對於任意偏振方向的單一光子，要如何用數學表示它的偏振呢？如果光子沿著 z 軸行進，那麼其偏振就是在 x 軸和 y 軸所形成的平面上（如圖 6-9），並且可視為 x 軸與 y 軸兩種不同電場振盪方向的組合，我們可以利用直角座標系在 x-y 平面的單位向量來表示。如果將 x 方向的偏振表示為單位向量 $|0\rangle$，y 方向的偏振表示為單位向量 $|1\rangle$，則任意偏振方向 $|\psi\rangle$ 都可以用 $|0\rangle$ 和 $|1\rangle$ 的組合描述如下：

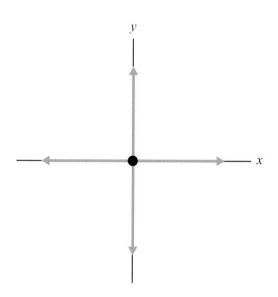

▲ 圖 6-9　若光子沿著 z 軸行進，其偏振會位於 x-y 平面上

$$|\psi\rangle = \alpha|0\rangle + \beta|1\rangle \quad \alpha, \beta \in C \text{（複數）}$$

　　其中，α 和 β 分別代表對應於 $|0\rangle$ 和 $|1\rangle$ 兩種偏振方向的**機率振幅**（probability amplitude）。在對光子進行測量的時候，$|\alpha|^2$ 是偏振方向為 $|0\rangle$ 的機率，$|\beta|^2$ 則是偏振方向為 $|1\rangle$ 的機率。由於光子的偏振是這兩種偏振態的疊加，所以兩者的機率加總必須為 1，亦即 $|\alpha|^2 + |\beta|^2 = 1$。

6-2-2 基底

在前面例子裡，我們使用單位向量 $|0\rangle$ 和 $|1\rangle$ 的組合來表示量子態，這樣的單位向量稱為一組**基底**（basis）。基底必須符合以下兩個條件：

1. 基底必須能夠描述系統所有的量子態。

2. 組成基底的向量之間，彼此相互垂直（正交），在彼此的投影上沒有分量。

例 1 如果光的偏振方向和 x 軸方向 $|0\rangle$ 夾 45°（如圖），要怎麼使用 $|0\rangle$ 和 $|1\rangle$ 來表示呢？

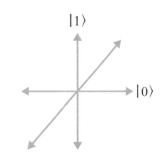

解 若要使用 $|0\rangle$ 和 $|1\rangle$ 來描述量子疊加態

$|\psi\rangle = \alpha|0\rangle + \beta|1\rangle$，需要先找到 α 和 β 的值。

我們將偏振（即右圖中標示藍綠色的部分）分解如右圖，先令偏振的長度為 1，則它在 $|0\rangle$ 方向的分量為 $\frac{1}{\sqrt{2}}$，可得到 $\alpha = \frac{1}{\sqrt{2}}$。再使用相同方法，找到偏振在 $|1\rangle$ 方向的投影量 $\frac{1}{\sqrt{2}}$，則可得到 $\beta = \frac{1}{\sqrt{2}}$。

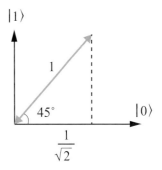

因此，$|\psi\rangle = \frac{1}{\sqrt{2}}|0\rangle + \frac{1}{\sqrt{2}}|1\rangle$，而且 $|\alpha|^2 + |\beta|^2 = 1$，符合 6-2-1 節提到的要件。

在數學上，我們可以使用以下符號分別表示 $|\psi\rangle$ 在 $|0\rangle$ 和 $|1\rangle$ 方向的分量（即**向量內積**）：

$$\langle 0|\psi\rangle = \alpha = \frac{1}{\sqrt{2}} \;\; ; \;\; \langle 1|\psi\rangle = \beta = \frac{1}{\sqrt{2}}$$

由於前述光子的偏振位於 x-y 平面上，所以單位向量 $|0\rangle$ 和 $|1\rangle$ 的組合就足以表示光子所有的偏振量子態。廣義來說，任意量子態都可用**基底態的疊加**來表示：

$$|\psi\rangle = \sum_j \alpha_j |a_j\rangle$$

其中，α_j 代表 $|\psi\rangle$ 在基底向量 $|a_j\rangle$ 上的分量，即 $\langle a_j|\psi\rangle$。

當我們對量子態 $|\psi\rangle$ 進行測量時，發現其處於 $|a_j\rangle$ 態的機率為 $|\alpha_j|^2 = \left|\langle a_j|\psi\rangle\right|^2$，而且所有不同基底態被觀測到的機率總和為 1：

$$\sum_j |\alpha_j|^2 = 1$$

6-2-3 量子態的矩陣表示法

本章一開始提到，光波通過偏振片之後，偏振會產生相應的變化。若在量子力學中用光子來描述這個現象，代表原本沒有特定偏振（實際上是不同偏振方向疊加態）的光子，有一定機率會以符合偏振片的方向通過。

光子

光子（photon）是一種沒有質量、沒有電荷的粒子，是電磁輻射的量子。

若以矩陣來表示單位向量 $|0\rangle$ 和 $|1\rangle$ 以及量子疊加態 $|\psi\rangle = \alpha|0\rangle + \beta|1\rangle$，我們可以分別定義 $|0\rangle = \begin{bmatrix} 1 \\ 0 \end{bmatrix}$、$|1\rangle = \begin{bmatrix} 0 \\ 1 \end{bmatrix}$，這樣一來，由 $|0\rangle$ 和 $|1\rangle$ 組成的 $|\psi\rangle$ 即可表示為：

$$|\psi\rangle = \begin{bmatrix} \alpha \\ \beta \end{bmatrix}$$

此外,針對上一節提到的 $\langle 0|$ 和 $\langle 1|$,可以使用如下矩陣描述:

$$\langle 0| = \begin{bmatrix} 1 & 0 \end{bmatrix}$$
$$\langle 1| = \begin{bmatrix} 0 & 1 \end{bmatrix}$$

利用矩陣表示法,若想要得知 $|1\rangle$ 在 $|0\rangle$ 方向的分量,可以寫成:

$$\langle 0|1\rangle = \begin{bmatrix} 1 & 0 \end{bmatrix} \begin{bmatrix} 0 \\ 1 \end{bmatrix} = 0$$

我們發現,$|1\rangle$ 在 $|0\rangle$ 方向的分量為零,正符合我們一開始定義基底時的條件:組成基底的向量之間,彼此相互垂直(正交)、在彼此的投影上沒有分量。另一方面,若計算 $|1\rangle$ 在 $|1\rangle$ 方向的分量,或 $|0\rangle$ 在 $|0\rangle$ 方向的分量,會得到顯而易見的結果:1。

同時,若有任意的 $\langle \Phi|$ 和 $|\Psi\rangle$ 分別為 Bra 和 Ket,則其向量外積可表示為 $|\Psi\rangle\langle\Phi|$。不僅如此,我們可以再更進一步定義**投影運算子**(projection operator):令 $|\omega\rangle$ 為單位向量,若欲得知某任意向量 $|\varphi\rangle$ 在 $|\omega\rangle$ 上的投影,可以寫為:

$$|\omega\rangle\langle\omega|\varphi\rangle$$

其中，$|\omega\rangle\langle\omega|$ 就是投影運算子，其作用在 $|\varphi\rangle$ 上，便可給出 $|\varphi\rangle$ 在 $|\omega\rangle$ 上的投影。例如：

$$|1\rangle\langle 1| = \begin{bmatrix} 0 \\ 1 \end{bmatrix} \begin{bmatrix} 0 & 1 \end{bmatrix} = \begin{bmatrix} 0 & 0 \\ 0 & 1 \end{bmatrix}$$

當此投影運算子作用在量子態 $|\psi\rangle = \alpha|0\rangle + \beta|1\rangle$ 時，

$$|1\rangle\langle 1|\psi\rangle = |1\rangle\langle 1|(\alpha|0\rangle + \beta|1\rangle) = \alpha|1\rangle\langle 1|0\rangle + \beta|1\rangle\langle 1|1\rangle$$

由於 $|0\rangle$、$|1\rangle$ 互相垂直，$\langle 1|0\rangle = 0$，所以，

$$|1\rangle\langle 1|\psi\rangle = \alpha|1\rangle \cdot 0 + \beta|1\rangle \cdot 1 = \beta|1\rangle$$

我們可以看到量子態 $|\psi\rangle$ 在 $|1\rangle$ 投影出的向量即為 $\beta|1\rangle$。若使用矩陣表示上述算式：

$$|1\rangle\langle 1|\psi\rangle = \begin{bmatrix} 0 & 0 \\ 0 & 1 \end{bmatrix} \begin{bmatrix} \alpha \\ \beta \end{bmatrix} = \begin{bmatrix} 0 \\ \beta \end{bmatrix} = \beta|1\rangle$$

可以看到兩種表示法結論一致。亦即，經投影運算子 $|1\rangle\langle 1|$ 作用在量子態 $|\psi\rangle$ 上，我們得到 $|\psi\rangle$ 在 $|1\rangle$ 上的投影為 $\beta|1\rangle$。

光的偏振態如果是 $|\psi\rangle = \dfrac{1}{\sqrt{3}}|0\rangle + \dfrac{\sqrt{2}}{\sqrt{3}}|1\rangle$，請問這道光通過 x 方向偏振片的機率及通過後的狀態為何？

練習題 2

光的偏振態如果是 $|\psi\rangle = \dfrac{1}{\sqrt{3}}|0\rangle + \dfrac{\sqrt{2}}{\sqrt{3}}|1\rangle$，請問這道光通過與 x 方向夾 45° 偏振片的機率及通過後的狀態為何？

6-3　測量物理量的運算子

　　不只前面提到的投影運算子，在量子力學中，許多物理量（如位置、動量、角動量等）都可以寫成運算子的形式。當這些運算子作用在量子態上，就能夠給出該量子系統被觀測時，運算子對應的物理量可能具有的值。

運算子需要符合的條件

　　測量物理量的運算子 $\hat{M}$，有以下兩個特徵：

1. 測量結果為實數，且對應到運算子矩陣的本徵值：

$$\hat{M}|i\rangle = m_i|i\rangle$$

　　其中，m_i 為測量到的實驗值（即運算子矩陣的本徵值），$|i\rangle$ 為對應的本徵態（eigenstate）／本徵向量（eigenvector）。一個量子系統 ψ 可能有許多

不同的本徵值與本徵態，當我們對該量子系統進行測量時，有 $\left|\langle i|\psi\rangle\right|^2$ 的機率會看到其處於本徵態 $|i\rangle$，並且，測到的值即爲其對應的本徵值 m_i。又，此式只是在說明本徵值和本徵態的概念，不代表測量的數學式。

2. 運算子矩陣爲厄米特（Hermitian）矩陣：

$$\hat{M} = \hat{M}^\dagger$$

$\hat{M}^\dagger$ 是將 $\hat{M}$ 裡的元素行列互換（轉置）之後，再將每個元素取複數共軛値（可參閱第二章）。當運算子矩陣爲厄米特矩陣時，測量結果才是實數（有實數的本徵值）。

運算子的期望值

針對量子態 $|\psi\rangle$，運算子 $\hat{M}$ 的期望值定義爲：

$$\langle \psi|\hat{M}|\psi\rangle$$

在數學上能夠證明，$\langle \psi|\hat{M}|\psi\rangle$ 即是把每個本徵態個別出現的機率乘上其相應的本徵值後，再全部加總。換言之，當我們對處於量子態 $|\psi\rangle$ 的系統進行多次觀測後，得到的物理量平均值即爲 $\langle \psi|\hat{M}|\psi\rangle$。

以投影運算子爲例，在 x、y 方向測量偏振的投影運算子分別爲：

x 方向的投影運算子

$$\hat{M}_0 = |0\rangle\langle 0| = \begin{bmatrix} 1 & 0 \\ 0 & 0 \end{bmatrix}$$，本徵值為 1 和 0，本徵態為 $\begin{bmatrix} 1 \\ 0 \end{bmatrix}$ 和 $\begin{bmatrix} 0 \\ 1 \end{bmatrix}$。

y 方向的投影運算子

$$\hat{M}_1 = |1\rangle\langle 1| = \begin{bmatrix} 0 & 0 \\ 0 & 1 \end{bmatrix}$$，本徵值為 0 和 1，本徵態為 $\begin{bmatrix} 1 \\ 0 \end{bmatrix}$ 和 $\begin{bmatrix} 0 \\ 1 \end{bmatrix}$。

假設光子的量子態為 $|\psi\rangle = \alpha|0\rangle + \beta|1\rangle$，當我們觀測其偏振時，會得到 $\hat{M}_0$ 的期望值為 $\langle\psi|\hat{M}_0|\psi\rangle = \langle\psi|0\rangle\langle 0|\psi\rangle = |\alpha|^2 \cdot 1$，亦即觀測到本徵態 $\begin{bmatrix} 1 \\ 0 \end{bmatrix}$ 的機率 $|\alpha|^2$ 乘上對應的本徵值 1（本徵值 0 的部分沒有貢獻），代表我們有 $|\alpha|^2$ 的機率發現光子處在本徵態 $\begin{bmatrix} 1 \\ 0 \end{bmatrix}$，並通過 x 方向的偏振片。

同樣地，我們也會得到 $\hat{M}_1$ 的期望值為 $\langle\psi|\hat{M}_1|\psi\rangle = \langle\psi|1\rangle\langle 1|\psi\rangle = |\beta|^2 \cdot 1$，代表我們有 $|\beta|^2$ 的機率發現光子處在本徵態 $\begin{bmatrix} 0 \\ 1 \end{bmatrix}$，並通過 y 方向的偏振片。

在投影運算子的例子裡，由於其期望值正好就等於測量到相應偏振的機率，所以兩者相加得到 1，即 $\langle\psi|\hat{M}_0|\psi\rangle + \langle\psi|\hat{M}_1|\psi\rangle = \langle\psi|(\hat{M}_0 + \hat{M}_1)|\psi\rangle = |\alpha|^2 + |\beta|^2 = 1$，而且兩個投影運算子的和必須等於單位矩陣

$$\hat{M}_0 + \hat{M}_1 = \hat{I} = \begin{bmatrix} 1 & 0 \\ 0 & 1 \end{bmatrix}$$

量子測量運算子及測量後的狀態

　　我們可將前述結果應用在更廣泛的狀況，得到通則：若有一量子態 $|\psi\rangle$，可以使用 m 個互相正交的向量作爲基底來描述，並且投影運算子 $\hat{M}_1$, $\hat{M}_2$, …, $\hat{M}_i$, …, $\hat{M}_m$ 分別代表 m 種不同的測量，其中，$\hat{M}_i = |i\rangle\langle i|$，$|i\rangle$ 爲第 i 個基底向量。

　　當對此量子態 $|\psi\rangle$ 進行測量時，測到第 i 種結果的機率 $P(i) = \langle\psi|\hat{M}_i|\psi\rangle$。測量後，量子態 $|\psi\rangle$ 將會變成 $|i\rangle$，或是可以寫成（在此不做推導）：

$$\frac{\hat{M}_i|\psi\rangle}{\sqrt{\langle\psi|\hat{M}_i|\psi\rangle}}$$

而所有投影運算子的組合會是單位矩陣

$$\sum_{i=1}^{m}\hat{M}_i = \hat{I}$$

6-4　斯特恩－革拉赫實驗裡的量子測量

　　電流會產生磁場，稱爲電流的磁效應。在原子內部，電子繞著原子核的運動，也屬於電荷流動，會造成磁矩，類似小的磁鐵。除此之外，原子內部還有其他的磁矩來源，例如在斯特恩－革拉赫實驗裡，銀原子射線束通過非均勻（但有特定方向）的磁場後分裂成兩束，朝不同方向偏折，在螢幕上形成兩條光斑，表示銀原子的磁矩只有兩種特定的方向，而這個磁矩的來源，

就是我們接下來要介紹的「自旋」概念。我們將就本章所學，來重新理解斯特恩－革拉赫實驗裡觀察到的現象。

6-4-1　斯特恩－革拉赫實驗的量子態

　　爲了解釋斯特恩－革拉赫實驗所觀察到的現象，科學家引入電子**自旋角動量** s 這個物理量。假設實驗裝置的磁場爲 z 方向，銀原子束分裂、在螢幕上形成的兩條光斑，則分別對應自旋角動量的向上 $|0\rangle$ 和向下 $|1\rangle$ 兩種量子態。這兩個狀態如同 x 與 y 方向的偏振一樣，在量子態的向量空間是垂直且獨立的，換句話說，電子的自旋可以使用基底 $|0\rangle$、$|1\rangle$ 的線性組合表示爲：

$$|\psi\rangle = \alpha|0\rangle + \beta|1\rangle \qquad \alpha, \beta \in C \text{（複數）}$$

　　銀原子原本處在 $|0\rangle$ 和 $|1\rangle$ 的疊加態，當我們進行觀測之後，銀原子要不是在 $|0\rangle$ 就是在 $|1\rangle$ 的量子態，兩者因爲其電子的自旋不同，所以在磁場下的偏轉也不同，形成兩條光斑。

　　如果我們將實驗裝置的磁場，由原本的 z 方向改成 x 方向，那麼測量到的自旋方向就會變成向右 $|+\rangle$ 和向左 $|-\rangle$（如圖 6-10）。代表 x 方向自旋的新基底 $|+\rangle$ 和 $|-\rangle$，也能用原本 z 方向的基底 $|0\rangle$、$|1\rangle$ 來表示（在此不做推導）：

$$|+\rangle = \frac{1}{\sqrt{2}}|0\rangle + \frac{1}{\sqrt{2}}|1\rangle$$

$$|-\rangle = \frac{1}{\sqrt{2}}|0\rangle - \frac{1}{\sqrt{2}}|1\rangle$$

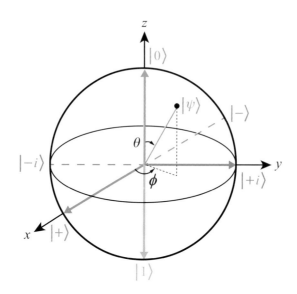

▲圖 6-10　當磁場在 z 方向的時候，於量子態的向量空間內，電子的自旋可用 $|0\rangle$ 和 $|1\rangle$ 兩種互相垂直的量子態組合來描述。若將磁場變換成 x 方向，那麼電子的自旋就要改用新的基底 $|+\rangle$ 和 $|-\rangle$ 來描述

6-4-2　測量自旋

　　將實驗裝置的磁場設定為 z 方向，則測量 z 方向的投影運算子可以運用基底寫成：

$$\hat{M}_{s=0} = |0\rangle\langle 0|$$
$$\hat{M}_{s=1} = |1\rangle\langle 1|$$

　　當銀原子束從高溫爐射出後，其電子的自旋未定，量子態可寫為 $|\psi\rangle = \dfrac{1}{\sqrt{2}}|0\rangle + \dfrac{1}{\sqrt{2}}|1\rangle$。一旦進行觀測，測得自旋為 $|0\rangle$ 的機率為 $P(0) = \langle\psi|0\rangle\langle 0|\psi\rangle = \dfrac{1}{2}$，測得自旋為 $|1\rangle$ 的機率為 $P(1) = \langle\psi|1\rangle\langle 1|\psi\rangle = \dfrac{1}{2}$。

　　若我們針對已測得自旋爲 $|0\rangle$ 的量子態再做進一步測量，使其通過 x 方向的外加磁場，則量子態 $|0\rangle$ 可用新的基底 $|+\rangle$ 和 $|-\rangle$ 改寫爲：

$$|0\rangle = \frac{1}{\sqrt{2}}|+\rangle + \frac{1}{\sqrt{2}}|-\rangle$$

　　因爲 x 方向的投影運算子可以寫成

$$\hat{M}_{s=+} = |+\rangle\langle+|$$
$$\hat{M}_{s=-} = |-\rangle\langle-|$$

此時測量量子態 $|0\rangle$ 在 x 方向的自旋，可以得到

$$\langle0|+\rangle\langle+|0\rangle = \frac{1}{2}$$
$$\langle0|-\rangle\langle-|0\rangle = \frac{1}{2}$$

　　因此會發現，針對量子態 $|0\rangle$，測得自旋爲 $|+\rangle$ 和 $|-\rangle$ 的機率各爲二分之一。如果我們測的不是 x 方向，而是 $x\text{-}z$ 平面上的任意方向，則相應的兩種可能自旋狀態就會以不同的機率出現。改變測量方向，也會改變測量的結果與機率。

量子糾纏

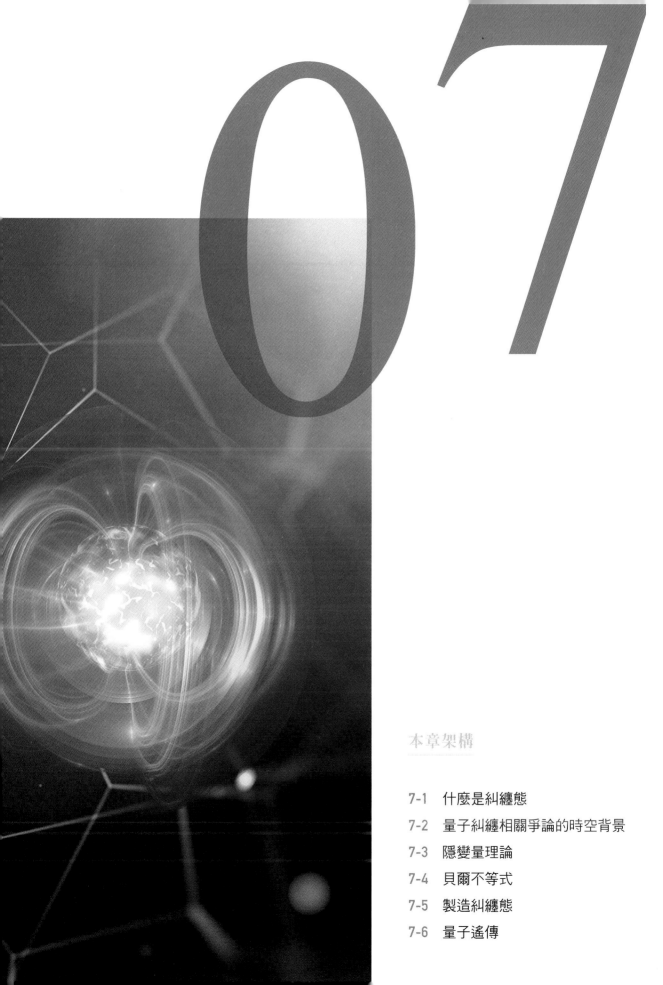

本章架構

除了前兩章提到的量子疊加和量子測量之外，量子力學還有一個令人驚奇的現象，稱為量子糾纏。利用量子糾纏現象，科幻片裡某人從星艦的傳送室裡消失，緊接著就出現在另一個地方，這種看似不可能在現實中發生的情節，甚至有可能達成類似的效果（但實際上要麻煩得多）。

在本章，我們會先認識何謂「量子糾纏」以及它的基本性質，再針對其應用做簡單介紹。

7-1　什麼是糾纏態

在量子力學中，讓兩個以上的粒子藉由交互作用產生某種連結，致使各個粒子的狀態無法被獨立描述，而必須將其視為一個整體，就稱為量子纏結或量子糾纏（quantum entanglement）。

　　古典物理學中，並不存在類似量子糾纏的現象。以丟擲硬幣爲例，丟一枚公正的硬幣時，出現人頭（H）和字（T）的機會都是1/2（沒有作弊的狀況下），所以當我們丟兩枚錢幣的時候，會出現 HH、HT、TH、TT 共四種可能，其機率分別爲：

$$P(HH) = P(H) \times P(H) = \frac{1}{2} \times \frac{1}{2} = \frac{1}{4}$$

$$P(HT) = P(H) \times P(T) = \frac{1}{2} \times \frac{1}{2} = \frac{1}{4}$$

$$P(TH) = P(T) \times P(H) = \frac{1}{2} \times \frac{1}{2} = \frac{1}{4}$$

$$P(TT) = P(T) \times P(T) = \frac{1}{2} \times \frac{1}{2} = \frac{1}{4}$$

每種組合出現的機率都是 1/4，而且不管第一枚硬幣是人頭（H）或是字（T），都不會影響第二枚硬幣的丟擲結果。

　　由於我們使用公平的硬幣，每個硬幣每一次丟擲得到人頭（H）和字（T）的機率都是 1/2。假設硬幣是量子系統的話，在尚未丟擲之前，單一個硬幣的量子態可寫爲：

$$|\psi_1\rangle = \frac{1}{\sqrt{2}}|H\rangle + \frac{1}{\sqrt{2}}|T\rangle$$

　　現在，一次丟擲兩枚硬幣，我們會期望新的雙硬幣系統量子態應該是原本兩枚硬幣個別量子態的組合：

$$|\psi_1\psi_2\rangle = |\psi_1\rangle \otimes |\psi_2\rangle = (\frac{1}{\sqrt{2}}|H\rangle + \frac{1}{\sqrt{2}}|T\rangle) \otimes (\frac{1}{\sqrt{2}}|H\rangle + \frac{1}{\sqrt{2}}|T\rangle)$$

其中，$\otimes$ 稱爲**張量積**（tensor product）。在量子力學中，$|A\rangle \otimes |B\rangle$ 表示由 $|A\rangle$ 和 $|B\rangle$ 兩個粒子組成的雙粒子量子態。

因此，使用量子態去形容兩枚硬幣拋出的結果，可以表示爲：

$$|\psi_1\psi_2\rangle = \alpha|HH\rangle + \beta|HT\rangle + \gamma|TH\rangle + \delta|TT\rangle$$
$$\alpha \, \backprime \, \beta \, \backprime \, \gamma \, \backprime \, \delta \in C \text{（複數）}, \, |\alpha|^2 + |\beta|^2 + |\gamma|^2 + |\delta|^2 = 1$$

而量子糾纏就像是藉由某種機制讓兩枚硬幣經過交互作用後，其個別的狀態會互相影響，產生關連。當 $\alpha = \delta = 0$，$\beta = \gamma = \frac{1}{\sqrt{2}}$，若能製備 $|\psi_1\psi_2\rangle = \frac{1}{\sqrt{2}}|HT\rangle + \frac{1}{\sqrt{2}}|TH\rangle$ 這樣的疊加態，則會呈現其中一枚硬幣是正面，另一枚硬幣一定會呈現反面，反之亦然。這表示丟擲兩枚硬幣的結果一定是一正一反，同時正面和同時反面的狀態並不存在。當然，現實中投擲硬幣並不會有這樣的狀況，可能會一正一反，也可能同時正面或同時反面。

假設我們小心地讓兩枚硬幣產生上述的量子糾纏，其中一枚交予你，另一枚則被另一人帶至遠方，當你得出硬幣的結果是人頭（H），遠方另一枚硬幣得出的結果就一定是字（T），不管兩人相距多遠，也不論誰先丟擲硬幣，只要其中一方的狀態確定後，另一方的硬幣馬上就會呈現相反狀態。請注意，在還沒有得出人頭或字之前，你的硬幣是處於人頭和字的量子疊加態，因此你完全有可能測得另一種結果，而連帶決定了遠方的硬幣狀態。這種隨機性並非是「其實硬幣狀態早已決定，只是我們對它資訊不足的情況」（關於後者的詮釋，請見 7-3 節隱變量理論），兩枚硬幣就好像具有心電感應的雙胞胎一樣，能夠瞬間知道對方的狀態。

7-2 量子糾纏相關爭論的時空背景

在 20 世紀初剛開始發展量子力學時，愛因斯坦對量子力學使用機率分布去形容粒子的狀態並不滿意，因此，他曾說過一句名言：「上帝是不擲骰子的。」就愛因斯坦的觀點來說，宇宙萬物的運行應該是具有確定性的，不會曖昧不明。他認爲在量子力學裡「系統要等到我們觀察時才能確認其狀態」的說法非常詭異，他曾向好友波耳（Niels Bohr）問說「難道你不看月亮，月亮就不在那邊嗎？」因此，在 1935 年，愛因斯坦與波多爾斯基（Boris Podolsky）、羅森（Nathan Rosen）聯合發表了後來被稱爲 EPR 悖論（Einstein-Podolsky-Rosen paradox）的知名論文，對量子力學不合理的地方提出批判。爲了方便理解，此處介紹的是後人修改過的版本，並已做適當簡化。

上帝是不擲骰子的

量子糾纏帶來的疑問

想像原本有某個自旋爲 0 的粒子，因爲衰變而產生兩個朝相反方向運動的產物粒子，分別稱爲粒子 A 和粒子 B。既然源自同一個系統，兩個粒子的自旋事實上有所關連，無法獨立描述，而應視爲一個整體。由於原本系統的總自旋爲 0，所以我們預期新產生的兩個粒子，其自旋的總和亦應爲 0。如果我們利用斯特恩－革拉赫實驗裡的儀器去測量粒子 A 在 z 軸的自旋，發現其自旋向上的話，那就表示粒子 B 一定是自旋向下。無論如何，不管我們測量哪個方向、哪個粒子的自旋，這兩個粒子最終一定是處在雙方自旋方向相反的狀態。若現在只考慮 z 方向自旋向上和向下的狀況，這個雙粒子糾纏系統的量子態可寫爲：

$$|\psi_A \psi_B\rangle = \frac{1}{\sqrt{2}}|\uparrow\downarrow\rangle + \frac{1}{\sqrt{2}}|\downarrow\uparrow\rangle$$

　　然而，粒子 A 和粒子 B 的組合是量子系統，而量子系統的狀態是當我們進行觀測的瞬間才會確定。換言之，粒子 A 和粒子 B 的自旋在我們測量前，都是沒有確定狀態的。若我們先測量粒子 A，發現其自旋向上，那麼再對粒子 B 進行測量，就一定會發現其自旋向下。在我們測量 A 或 B 任一個粒子的瞬間，整個系統的自旋狀態就完全確定。

　　問題是，既然兩個粒子會互相連動，如果在兩者距離很遠的狀況下才去測量其自旋呢？要是粒子 A 從原本的狀態未定，卻因為我們的測量而變成自旋向上，遠在天邊的粒子 B 難道能夠瞬間知道這件事，並且變成自旋向下嗎？這樣就違反了狹義相對論所說「沒有資訊傳遞的速度能夠快過光速」。因此，量子理論宣稱「量子系統的狀態經由測量而確定」一事是否有誤？有沒有可能粒子 B 不是在我們測量粒子 A 的時候才瞬間轉換成相對應的狀態，而是兩個糾纏粒子的狀態在我們進行觀測前早就被決定了？有關這些問題的答案，在 7-4 節介紹貝爾不等式時，我們會加以說明。

7-3　　隱變量理論

　　愛因斯坦和一些科學家認為，量子力學使用機率來描述物理系統的狀態並不完備。理想上，我們應該要能對物理系統做全面的描述，而不是只能知道其各種狀態的出現機率，然後在觀測時系統狀態才被決定。有沒有可能，其實只是因為系統還有一些隱藏的資訊沒被發現，導致我們無法對其進行確定性的描述呢？也就是說，量子系統其實隱藏著某些變量，這些隱形變量會影響到測量結果出現的機率。就像是你今天會穿什麼顏色的衣服，可能是由隱形、不易測量的心情所決定，但其他人看起來，根本無法找到你的穿衣模式，只覺得彷彿每天隨機穿搭一般。這就是知名的隱變量理論（hidden variable theory）。

　　以單一電子的自旋為例，我們可以在 z 軸和 x 軸方向分別觀察電子的自旋角動量。對於一個在 z 方向、自旋向上的 $|0\rangle$ 量子態，若我們再觀察它在 x 軸

上的自旋，會發現 x 軸上的兩個方向（自旋向右與自旋向左）都有可能出現。所以，我們可以用 x 方向、自旋向右 $|+\rangle$ 及向左 $|-\rangle$ 的量子態組合表示 $|0\rangle$ 量子態：

$$|0\rangle = \frac{1}{\sqrt{2}}|+\rangle + \frac{1}{\sqrt{2}}|-\rangle$$

描述電子自旋的運算子為 $\hat{S} = \frac{\hbar}{2}\sigma$，其中，$\sigma$ 稱為**包立矩陣**（Pauli matrices），依 x、y、z 方向分為 σ_x、σ_y、σ_z：

$$\sigma_x = \begin{bmatrix} 0 & 1 \\ 1 & 0 \end{bmatrix} , \ \sigma_y = \begin{bmatrix} 0 & -i \\ i & 0 \end{bmatrix} , \ \sigma_z = \begin{bmatrix} 1 & 0 \\ 0 & -1 \end{bmatrix}$$

每個包立矩陣的本徵值均為 +1 和 −1，$\frac{\hbar}{2}$ 為常數。為了方便起見，以下我們省略常數部分，只單就包立矩陣進行運算。

對於量子態 $|0\rangle = \begin{bmatrix} 1 \\ 0 \end{bmatrix}$ 來說，我們測量它在 z 方向的自旋，結果只會有一種，就是自旋向上，期望值為 $\langle 0|\sigma_z|0\rangle = 1$。如果我們繼續對量子態 $|0\rangle$ 測量它在 x 方向的自旋，測量到本徵值 +1（對應本徵態為 $|+\rangle$）及本徵值 −1（對應本徵態為 $|-\rangle$）的機率分別都是 $(\frac{1}{\sqrt{2}})^2$，因此，x 方向測量的期望值為 $\langle 0|\sigma_x|0\rangle = \frac{1}{2}(1-1) = 0$。

但是根據隱變量理論，在測量前，電子的狀態就已經被決定了，所以上述的量子態應該打從一開始就是：

$$|0\rangle_{HV} = \frac{1}{\sqrt{2}}|0, +\rangle + \frac{1}{\sqrt{2}}|0, -\rangle$$

上式中，HV 為隱變量（hidden variable）的縮寫。x 方向的基底 $|+\rangle$、$|-\rangle$ 是隱形、不為我們所知的變量，$|0, +\rangle$ 和 $|0, -\rangle$ 前面的係數 $\frac{1}{\sqrt{2}}$ 為其權重。該電子有 $(\frac{1}{\sqrt{2}})^2$ 的機率在 z 方向測量的狀態為 $|0\rangle$，而在 x 方向測量的狀態為 $|+\rangle$；另有 $(\frac{1}{\sqrt{2}})^2$ 的機率在 z 方向測量的狀態為 $|0\rangle$，但是在 x 方向測量的狀態為 $|-\rangle$。換句話說，以上的量子態意謂著，針對此物理系統在 z 和 x 方向測量的結果，是在測量前就決定的。我們也可以試著計算此量子態在 z 方向及 x 方向測量自旋的期望值，會發現結果與使用量子理論得到的期望值相同。若將上式寫成更廣義的表示法，可寫為：

$$|0_{HV}\rangle = \sum |0, \lambda\rangle w(\lambda)$$

其中，λ 為隱形變量，$w(\lambda)$ 則是與隱形變量有關的權重。

使用隱變量理論描述量子糾纏態

回到 7-2 節介紹的量子糾纏粒子對，這一對粒子的總自旋角動量為 0，亦

即不論是在 z 方向或是 x 方向測量，粒子 A 與粒子 B 測量的結果一定相反。若將測量結果使用隱變量理論改寫，就會變成：

$$| \psi_A \psi_B \rangle_{HV} = \frac{1}{2}|0, +\rangle_A |1, -\rangle_B + \frac{1}{2}|0, -\rangle_A |1, +\rangle_B$$
$$- \frac{1}{2}|1, +\rangle_A |0, -\rangle_B - \frac{1}{2}|1, -\rangle_A |0, +\rangle_B$$

我們可以看到，以這個量子態來說，在 x 方向及 z 方向測量，粒子 A 和粒子 B 測量的結果一定相反。這個狀態是在測量前就已經確定的。

練習題 1

試著利用包立矩陣證明 $\langle 0|\sigma_z|0 \rangle = 1$，以及 $\langle 0|\sigma_x|0 \rangle = 0$。

7-4 貝爾不等式

了解隱變量理論的內涵之後，難道說量子力學就可以完全被隱變量理論取代了嗎？結果當然不是，反而，我們可以憑藉著測量結果去判斷系統是否具有「糾纏」性質，其所依據的就是由物理學家貝爾（John Stewart Bell）所提出的**貝爾定理**（Bell's theorem）。

隱變量理論與貝爾不等式

假設有 a、b、c 三個任意方向，並且都在 x-z 平面上，a 和 c 之間的夾角為 θ、a 和 b 之間的夾角為 φ，如圖 7-1 所示。

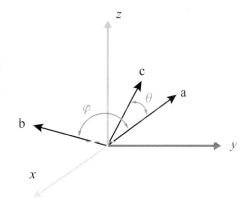

▷ 圖 7-1　x-z 平面上 a、b、c 三個任意方向之夾角

我們對總自旋為 0 的糾纏粒子對就 a、b、c 三個方向做測量。如果只看粒子 A，它在每個方向的自旋有兩種可能，即自旋同向（＋）或反向（－），所以三個方向共有八種組合。而粒子 B 的測量結果必須滿足總自旋為 0 的條件，所以測量的結果一定和粒子 A 相反。於是，針對這一對糾纏粒子的測量結果，會有八種狀況（表 7-1）。

▼表 7-1　對總自旋為 0 的糾纏粒子對之測量結果

機率	粒子 A 的狀態	粒子 B 的狀態
P_1	$\left|+_a, +_b, +_c\right\rangle$	$\left|-_a, -_b, -_c\right\rangle$
P_2	$\left|+_a, +_b, -_c\right\rangle$	$\left|-_a, -_b, +_c\right\rangle$
P_3	$\left|+_a, -_b, +_c\right\rangle$	$\left|-_a, +_b, -_c\right\rangle$
P_4	$\left|+_a, -_b, -_c\right\rangle$	$\left|-_a, +_b, +_c\right\rangle$
P_5	$\left|-_a, +_b, +_c\right\rangle$	$\left|+_a, -_b, -_c\right\rangle$
P_6	$\left|-_a, +_b, -_c\right\rangle$	$\left|+_a, -_b, +_c\right\rangle$
P_7	$\left|-_a, -_b, +_c\right\rangle$	$\left|+_a, +_b, -_c\right\rangle$
P_8	$\left|-_a, -_b, -_c\right\rangle$	$\left|+_a, +_b, +_c\right\rangle$

由於表 7-1 所列的八種組合已經包含所有的可能狀況，因此機率加總起來應為 1：

$$\sum_{i=1}^{8} P_i = 1$$

以上糾纏粒子對的八種狀況都是在測量前就確定的，與我們的觀測行為無關，這符合隱變量理論的假設。根據表 7-1，粒子 A 在 a 方向測量以及粒子 B

住 b 方向測量，我們可以得出測量結果都是 + 的機率爲：

$$P(+_a, +_b) = P_3 + P_4$$

同理，粒子 A 在 a 方向以及粒子 B 在 c 方向都是 + 的機率，和粒子 A 在 c 方向以及粒子 B 在 b 方向都是 + 的機率，分別是：

$$P(+_a, +_c) = P_2 + P_4$$
$$P(+_c, +_b) = P_3 + P_7$$

由於 P_1 到 P_8 每一項的機率都要大於或等於 0，我們可以看出：

$$P(+_a, +_b) \leq P(+_a, +_c) + P(+_c, +_b)$$

這個不等式稱爲**貝爾不等式**（Bell's inequality）。假如隱變量理論是正確的，那麼糾纏的粒子對一定要滿足貝爾不等式的條件。

如果不等式與量子力學理論不符的話，那就表示隱變量理論與量子力學不相容，無法作爲量子力學的替代理論。

量子力學是否符合貝爾不等式？

接下來，我們從量子力學來推算貝爾不等式是否正確。我們知道，分別在 a、b 方向做測量，可以測量到自旋與其同向（+）或反向（−）兩種結果，它們對應到各自的基底，也就是 $|+_a\rangle$ 和 $|-_a\rangle$、$|+_b\rangle$ 和 $|-_b\rangle$。如同前面所述，$P(+_a, +_b)$ 是指粒子 A 在 a 方向測量和粒子 B 在 b 方向測量同時爲 $|+\rangle$ 的機率。由於總自旋爲 0，當粒子 A 在 a 方向爲 $|+_a\rangle$，粒子 B 在 a 方向測量一定會測到 $|-_a\rangle$。

如果我們想要知道當粒子 A 在 a 方向為 $|+_a\rangle$ 時，B 在 b 方向測量的結果為何，可以使用 $|+_b\rangle$ 和 $|-_b\rangle$ 來表示 B 的 $|-_a\rangle$ 狀態，因為此時 B 在 a 方向一定是 $|-_a\rangle$。若 a 和 b 的夾角為 φ（如圖 7-1），則根據量子力學理論（在此不做推導）：

$$|-_a\rangle = cos\frac{\varphi}{2}|-_b\rangle + sin\frac{\varphi}{2}|+_b\rangle$$

這表示當粒子 B 處於 $|-_a\rangle$ 狀態時，對它在 b 方向進行測量，測到 $|-_b\rangle$ 的機率為 $cos^2(\frac{\varphi}{2})$，測到 $|+_b\rangle$ 的機率為 $sin^2(\frac{\varphi}{2})$。

因此，我們測得粒子 A 在 a 方向為 $|+_a\rangle$ 且粒子 B 在 b 方向為 $|+_b\rangle$ 的機率為：

$$P(+_a, +_b) = P(+_a)_A \times P(+_b|-_a)_B = \frac{1}{2}sin^2(\frac{\varphi}{2})$$

其中，$P(+_b|-_a)_B$ 表示當粒子 B 處於 $|-_a\rangle$ 狀態時，我們於 b 方向測得 $|+_b\rangle$ 的機率。

同理，我們也可以分別得到粒子 A 在 a 方向以及粒子 B 在 c 方向都是 + 的機率，以及粒子 A 在 c 方向和粒子 B 在 b 方向都是 + 的機率為：

$$P(+_a, +_c) = \frac{1}{2}sin^2(\frac{\theta}{2})$$
$$P(+_c, +_b) = \frac{1}{2}sin^2(\frac{\varphi-\theta}{2})$$

將上述量子力學理論預測的結果帶入貝爾不等式，可得到：

$$P(+_a, +_b) \leq P(+_a, +_c) + P(+_c, +_b)$$

$$\Rightarrow sin^2(\frac{\varphi}{2}) \leq sin^2(\frac{\theta}{2}) + sin^2(\frac{\varphi - \theta}{2})$$

$$\Rightarrow 0 \leq sin^2(\frac{\theta}{2}) + sin^2(\frac{\varphi - \theta}{2}) - sin^2(\frac{\varphi}{2})$$

如果貝爾不等式是正確的，且因為 θ、φ 都介於 $0 \sim \pi$，不論它們是在這範圍之內的哪一個數值，不等式都應該要成立。因此，我們可以再將問題簡化，確認特定角度 $\varphi = 2\theta$ 時的狀況：

$$0 \leq sin^2(\frac{\theta}{2}) + sin^2(\frac{\varphi - \theta}{2}) - sin^2(\frac{\varphi}{2}) \stackrel{\varphi = 2\theta}{\Longrightarrow} 0 \leq -2sin^2(\frac{\theta}{2})cos\theta$$

我們會發現，當 $0 < \theta < \frac{\pi}{2}$，$cos\theta$ 是正值，表示上式右手邊為負值，也就是說，不等式並不成立，**量子力學理論和貝爾不等式並不相容**。同時，我們也可以看到，當 $\theta = 0$ 時，貝爾不等式一定成立。就隱變量理論而言，測量結果在觀測之前即已決定，觀測和測量結果無關，貝爾不等式一定要成立。但是就量子力學理論來說，並無法確保貝爾不等式永遠成立。

量子理論 VS 隱變量理論

以上使用隱變量理論推導出測量結果的限制條件（不等式），可視爲判斷隱變量理論與量子理論孰是孰非的大法官。貝爾不等式最早是由貝爾在 1964 年提出（原始版本的貝爾不等式請見本章練習題 2），在那之後，也有科學家提出不同版本的貝爾不等式，例如 CHSH 不等式，我們在此就不多做介紹，有興趣的話，不妨自行查閱相關資訊。

CHSH 不等式

CHSH 不等式是由 Clauser、Horne、Shimony、Holt 四位科學家所提出，以他們姓氏的第一個字母組合起來為名。

Clauser 出生於加州的物理世家，爸爸、叔叔和一些親戚都是物理學家，從小就跟大人一起探討深奧的物理問題。他在加州理工大學時受到費曼的影響，開始思考量子力學中一些關鍵問題，並向費曼表示，他決定用實驗證明貝爾不等式和 EPR 悖論的伴謬。後來也和其他三位科學家一起改良了貝爾不等式，提出 CHSH 不等式。

科學家在貝爾不等式提出後，進行一連串的實驗，想要證實隱變量理論無法完全說明量子力學的測量結果，但是實驗都存在一些缺點。直到 2015 年，才有實驗能夠避免先前的漏洞，全面地證實量子理論比隱變量理論更能描述量子糾纏的詭異現象。但是這樣一來，愛因斯坦等人於 EPR 悖論質疑的量子糾纏違反狹義相對論的觀點是否成眞呢？到目前爲止，科學家認爲，量子糾纏現象雖然詭異，但是其中並沒有任何資訊以超光速傳遞，我們也無法利用量子糾纏以超光速傳遞任何資訊，所以狹義相對論並未被違反。

2022 年的諾貝爾物理學獎，由法國 Alain Aspect、美國 John F. Clauser 以及奧地利 Anton Zeilinger 三位物理學家共同獲獎，他們發現量子糾纏，並打下了量子電腦、量子密鑰系統的基礎，確立可違反貝爾不等式以及開創性的量子通訊科學，爲第二次量子革命奠定基礎。

 練習題 2

由貝爾提出的原始版本貝爾不等式如下：

$$\left|C(a_1,\ c_2) - C(c_1,\ b_2)\right| \le 1 + C(a_1,\ b_2)$$

其中，a、b、c 代表位於同平面的三個不同方向。$C(a_1,\ b_2)$ 代表粒子 1 在 a 方向的觀測結果和粒子 2 在 b 方向的觀測結果之相關性（依此類推），當兩者測量到相同的結果我們定義兩個粒子測量結果的相關性為 1，反之，相關性為 –1。以 $C(a_1, b_2)$ 為例，其期望值可寫為：

$$C(a_1,\ b_2) = 1 \times P_{相同}(a_1 = b_2) + (-1)P_{不相同}(a_1 \ne b_2)$$

此外，假設 x、y、z 為三角形的三個邊長，由於三角形兩邊的差會小於第三邊，而且兩邊的和會大於第三邊，因此，

$$\left|x - y\right| \le z \le x + y$$

由於 x、y、z 為三個正實數，所以從上式可以得知，任意兩個正實數之間的關係需滿足以下不等式：

$$\left|x - y\right| \le \left|x\right| + \left|y\right| = \left|x + y\right|$$

請試著利用此不等式以及表 7-1，證明貝爾不等式的原始版本。（提示：可先利用表 7-1 的八種狀態，寫下貝爾不等式中三個相關性係數，即 $C(a_1, c_2)$、$C(c_1, b_2)$、$C(a_1, b_2)$ 分別為何。）

7-5　製造糾纏態

若要製造糾纏量子態，需要讓兩個分別獨立的量子態 $|0\rangle|0\rangle$ 變成 $\frac{1}{\sqrt{2}}|00\rangle + \frac{1}{\sqrt{2}}|11\rangle$ 這樣的形式。有別於 X 閘（X gate）、Z 閘（Z gate）及 H 閘（H gate）這些作用於單一量子位元的邏輯閘（關於量子邏輯閘的細節請參考第八章），製造糾纏態需要至少兩個量子位元的受控閘，其中最常見的是**受控反閘**（Controlled NOT gate），簡稱爲 CNOT 閘（CNOT gate）。

CNOT 閘需要兩個輸入位元，一爲**控制位元**（control qubit），另一爲**目標位元**（target qubit）。CNOT 閘的效果是對目標位元進行加法，如圖 7-2 所示。觀察圖 7-2 中加法的變化，會發現控制位元就像控制的開關一樣，當控制位元爲 $|0\rangle$ 時，目標位元不會改變，但是當控制位元爲 $|1\rangle$ 時，目標位元就發生改變。

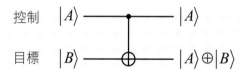

CNOT 閘輸入與輸出真值表

作用前		作用後	
控制位元 (A)	目標位元 (B)	控制位元 (A)	目標位元 (A + B)
$\|0\rangle$　$\oplus$	$\|0\rangle$	$\|0\rangle$	$\|0\rangle$
$\|0\rangle$　$\oplus$	$\|1\rangle$	$\|0\rangle$	$\|1\rangle$
$\|1\rangle$　$\oplus$	$\|0\rangle$	$\|1\rangle$	$\|1\rangle$
$\|1\rangle$　$\oplus$	$\|1\rangle$	$\|1\rangle$	$\|0\rangle$

▲ 圖 7-2　CNOT 閘對目標位元進行加法

將 CNOT 閘用矩陣表示：

$$CNOT = \begin{bmatrix} 1 & 0 & 0 & 0 \\ 0 & 1 & 0 & 0 \\ 0 & 0 & 0 & 1 \\ 0 & 0 & 1 & 0 \end{bmatrix}$$

$$CNOT|00\rangle = \begin{bmatrix} 1 & 0 & 0 & 0 \\ 0 & 1 & 0 & 0 \\ 0 & 0 & 0 & 1 \\ 0 & 0 & 1 & 0 \end{bmatrix}\begin{bmatrix} 1 \\ 0 \\ 0 \\ 0 \end{bmatrix} = \begin{bmatrix} 1 \\ 0 \\ 0 \\ 0 \end{bmatrix} = |00\rangle$$

$$CNOT|01\rangle = \begin{bmatrix} 1 & 0 & 0 & 0 \\ 0 & 1 & 0 & 0 \\ 0 & 0 & 0 & 1 \\ 0 & 0 & 1 & 0 \end{bmatrix}\begin{bmatrix} 0 \\ 1 \\ 0 \\ 0 \end{bmatrix} = \begin{bmatrix} 0 \\ 1 \\ 0 \\ 0 \end{bmatrix} = |01\rangle$$

$$CNOT|10\rangle = \begin{bmatrix} 1 & 0 & 0 & 0 \\ 0 & 1 & 0 & 0 \\ 0 & 0 & 0 & 1 \\ 0 & 0 & 1 & 0 \end{bmatrix}\begin{bmatrix} 0 \\ 0 \\ 1 \\ 0 \end{bmatrix} = \begin{bmatrix} 0 \\ 0 \\ 0 \\ 1 \end{bmatrix} = |11\rangle$$

$$CNOT|11\rangle = \begin{bmatrix} 1 & 0 & 0 & 0 \\ 0 & 1 & 0 & 0 \\ 0 & 0 & 0 & 1 \\ 0 & 0 & 1 & 0 \end{bmatrix}\begin{bmatrix} 0 \\ 0 \\ 0 \\ 1 \end{bmatrix} = \begin{bmatrix} 0 \\ 0 \\ 1 \\ 0 \end{bmatrix} = |10\rangle$$

製造 $\frac{1}{\sqrt{2}}|00\rangle + \frac{1}{\sqrt{2}}|11\rangle$ 的步驟

步驟一 　將 H gate 作用在 $|0\rangle$，得到 $\frac{1}{\sqrt{2}}(|0\rangle + |1\rangle)$。

$$H|0\rangle = \frac{1}{\sqrt{2}}\begin{bmatrix} 1 & 1 \\ 1 & -1 \end{bmatrix}\begin{bmatrix} 1 \\ 0 \end{bmatrix} = \frac{1}{\sqrt{2}}\begin{bmatrix} 1 \\ 1 \end{bmatrix} = \frac{1}{\sqrt{2}}(|0\rangle + |1\rangle)$$

步驟二 　將步驟一的位元 $\frac{1}{\sqrt{2}}(|0\rangle + |1\rangle)$ 當作控制位元，再準備一個目標位元 $|0\rangle$。

步驟三 　使用 CNOT 閘作用在兩個位元上。

$$CNOT \frac{1}{\sqrt{2}}(|0\rangle + |1\rangle)|0\rangle = \frac{1}{\sqrt{2}} CNOT|00\rangle + \frac{1}{\sqrt{2}} CNOT|10\rangle$$
$$= \frac{1}{\sqrt{2}}|00\rangle + \frac{1}{\sqrt{2}}|11\rangle$$

目前，IBM Quantum（也稱為 IBM Q）有提供線上的視覺化量子電路製作程式電路作曲家（Circuit Composer）供大眾利用，在 8-5 節也會介紹 IBM Q 圖形化介面的操作，有興趣的話，不妨試著用它來製作量子糾纏態。

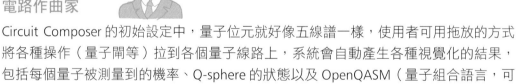

電路作曲家

Circuit Composer 的初始設定中，量子位元就好像五線譜一樣，使用者可用拖放的方式將各種操作（量子閘等）拉到各個量子線路上，系統會自動產生各種視覺化的結果，包括每個量子被測量到的機率、Q-sphere 的狀態以及 OpenQASM（量子組合語言，可結合 Python 在 IBM Q 平台的 Quantum Lab 執行）。

IBM Quantum Composer 網址：
https://quantum-computing.ibm.com/composer/files/new

練習題 3

請使用邏輯閘製作糾纏態 $\frac{1}{\sqrt{2}}|01\rangle + \frac{1}{\sqrt{2}}|10\rangle$。

7-6　量子遙傳

　　現在我們知道何謂量子糾纏態了，但這個神奇如心電感應的特性，要怎麼加以應用呢？例如在科幻片裡，人從甲地消失，再從乙地出現，這看似不可能的任務，量子糾纏態就能幫助我們達到「類似」的效果。

　　為什麼說「類似」呢？因為**量子遙傳**（quantum teleportation）並非真地傳送實際物體，而只是依靠甲乙兩地共同享有的糾纏態來得到物體的資訊，在得到物體的資訊之後，利用這些資訊將物體於異地重組出來。例如，科學家在實驗室 A 對你身上的每個原子、分子進行分析，再在實驗室 B 利用這些分析資料重新建構一個新的你，但原本的你早在接受分析時，就已經被破壞。這聽起來，跟科幻片裡似乎輕鬆就能讓人移動到其他地方的科技，還是有些許不同。

通訊協定

　　現在我們來看看，要如何利用糾纏態進行量子遙傳。假設 Alice 和 Bob 在兩個不同的地方。

步驟一　準備有兩個粒子的糾纏態 $\frac{1}{\sqrt{2}}(|00\rangle + |11\rangle)$，讓 Alice 和 Bob 各持有一個粒子。

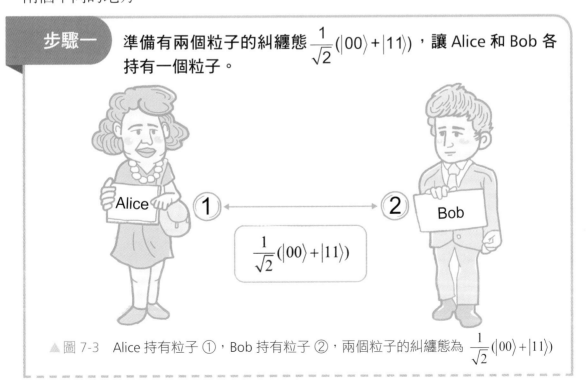

▲ 圖 7-3　Alice 持有粒子 ①，Bob 持有粒子 ②，兩個粒子的糾纏態為 $\frac{1}{\sqrt{2}}(|00\rangle + |11\rangle)$

步驟二 Alice 將要傳送的訊息使用另一個量子位元 ③

$(|\psi\rangle_3 = \alpha|0\rangle + \beta|1\rangle)$ 編碼。

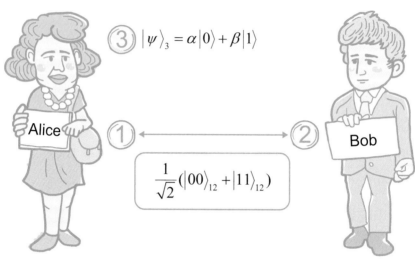

③ $|\psi\rangle_3 = \alpha|0\rangle + \beta|1\rangle$

$\frac{1}{\sqrt{2}}(|00\rangle_{12} + |11\rangle_{12})$

▲圖 7-4　Alice 將要傳送的訊息用另一個粒子 ③ 編碼

步驟三 Alice 同時測量手中的兩個粒子（粒子 ①、③），讓粒子 ①、③ 產生糾纏，並確認其為哪一種貝爾態。

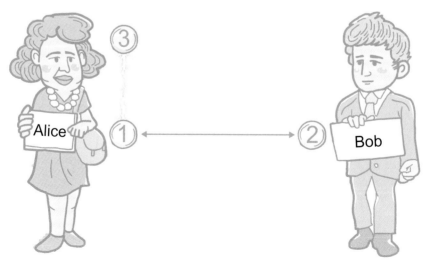

▲圖 7-5　Alice 同時測量手中的粒子 ①、③，讓它們產生糾纏，並確認其為哪一種貝爾態

貝爾態（Bell state）是最簡單的量子糾纏態，有四種類型，這四種貝爾態可以用來當作電腦位元的基底。貝爾態與一般電腦基底的轉換如表 7-2 所示。

▼表 7-2　貝爾態與一般電腦基底的轉換

貝爾態	電腦基底
$\lvert Bell\ 1\rangle = \dfrac{1}{\sqrt{2}}\lvert 00\rangle + \dfrac{1}{\sqrt{2}}\lvert 11\rangle$	$\lvert 00\rangle = \dfrac{1}{\sqrt{2}}(\lvert Bell\ 1\rangle + \lvert Bell\ 2\rangle)$
$\lvert Bell\ 2\rangle = \dfrac{1}{\sqrt{2}}\lvert 00\rangle - \dfrac{1}{\sqrt{2}}\lvert 11\rangle$	$\lvert 11\rangle = \dfrac{1}{\sqrt{2}}(\lvert Bell\ 1\rangle - \lvert Bell\ 2\rangle)$
$\lvert Bell\ 3\rangle = \dfrac{1}{\sqrt{2}}\lvert 01\rangle + \dfrac{1}{\sqrt{2}}\lvert 10\rangle$	$\lvert 01\rangle = \dfrac{1}{\sqrt{2}}(\lvert Bell\ 3\rangle + \lvert Bell\ 4\rangle)$
$\lvert Bell\ 4\rangle = \dfrac{1}{\sqrt{2}}\lvert 01\rangle - \dfrac{1}{\sqrt{2}}\lvert 10\rangle$	$\lvert 10\rangle = \dfrac{1}{\sqrt{2}}(\lvert Bell\ 3\rangle - \lvert Bell\ 4\rangle)$

當 Alice 對手中的粒子做測量後，會讓手中兩個粒子變成糾纏態。現在系統包含了三個粒子，若將其中的粒子 ① 和 ③ 寫成貝爾態，會得到：

$$
\begin{aligned}
\lvert\psi\rangle_{312} &= (\alpha\lvert 0\rangle_3 + \beta\lvert 1\rangle_3)\otimes(\frac{1}{\sqrt{2}}(\lvert 00\rangle_{12} + \lvert 11\rangle_{12})) \\
&= \frac{1}{2}(\frac{1}{\sqrt{2}}(\lvert 00\rangle_{31} + \lvert 11\rangle_{31}))\otimes(\alpha\lvert 0\rangle_2 + \beta\lvert 1\rangle_2) \\
&\quad + \frac{1}{2}(\frac{1}{\sqrt{2}}(\lvert 00\rangle_{31} - \lvert 11\rangle_{31}))\otimes(\alpha\lvert 0\rangle_2 - \beta\lvert 1\rangle_2) \\
&\quad + \frac{1}{2}(\frac{1}{\sqrt{2}}(\lvert 01\rangle_{31} + \lvert 10\rangle_{31}))\otimes(\alpha\lvert 1\rangle_2 + \beta\lvert 0\rangle_2) \\
&\quad + \frac{1}{2}(\frac{1}{\sqrt{2}}(\lvert 01\rangle_{31} - \lvert 10\rangle_{31}))\otimes(\alpha\lvert 1\rangle_2 - \beta\lvert 0\rangle_2) \\
&= \frac{1}{2}(\lvert Bell\ 1\rangle)\otimes(\alpha\lvert 0\rangle_2 + \beta\lvert 1\rangle_2) + \frac{1}{2}(\lvert Bell\ 2\rangle)\otimes(\alpha\lvert 0\rangle_2 - \beta\lvert 1\rangle_2) \\
&\quad + \frac{1}{2}(\lvert Bell\ 3\rangle)\otimes(\alpha\lvert 1\rangle_2 + \beta\lvert 0\rangle_2) + \frac{1}{2}(\lvert Bell\ 4\rangle)\otimes(\alpha\lvert 1\rangle_2 - \beta\lvert 0\rangle_2)
\end{aligned}
$$

從上面的式子可以發現，當 Alice 對手中的粒子進行貝爾態的測量，四種狀態被測到的機率都是相同的 $(\frac{1}{2})^2 = \frac{1}{4}$。另外，如果 Alice 測量到的狀態為 $|Bell\ 1\rangle$，那麼整個系統的量子態會塌縮成 $|Bell\ 1\rangle \otimes (\alpha|0\rangle_2 + \beta|1\rangle_2)$，換句話說，Bob 手上的粒子（粒子 ②）狀態就會變成 $(\alpha|0\rangle_2 + \beta|1\rangle_2)$，依此類推。

▼表 7-3　Alice 測量到的貝爾態與 Bob 手上粒子狀態之對照

Alice 測量到的貝爾態	Bob 手上粒子 ② 的狀態
$\|Bell\ 1\rangle$	$\alpha\|0\rangle_2 + \beta\|1\rangle_2$
$\|Bell\ 2\rangle$	$\alpha\|0\rangle_2 - \beta\|1\rangle_2$
$\|Bell\ 3\rangle$	$\alpha\|1\rangle_2 + \beta\|0\rangle_2$
$\|Bell\ 4\rangle$	$\alpha\|1\rangle_2 - \beta\|0\rangle_2$

讓粒子 ① 與粒子 ③ 通過一個 CNOT 與 H 量子邏輯閘，可以做到類似貝爾態的測量方法。

1. 粒子 ① 與粒子 ③ 通過 CNOT 量子邏輯閘

我們讓粒子 ③ 為控制位元，粒子 ① 為目標位元，兩者通過 CNOT 閘（控制位元為 0，目標位元不變；反之，目標位元會改變）後：

$$
\begin{aligned}
|\psi\rangle_{312} &= (\alpha|0\rangle_3 + \beta|1\rangle_3) \otimes (\frac{1}{\sqrt{2}}(|00\rangle_{12} + |11\rangle_{12})) \\
&= \frac{\alpha}{\sqrt{2}}(|000\rangle_{312} + |011\rangle_{312}) + \frac{\beta}{\sqrt{2}}(|100\rangle_{312} + |111\rangle_{312}) \\
&\xRightarrow{1、3 進入 CNOT} \frac{\alpha}{\sqrt{2}}(|000\rangle_{312} + |011\rangle_{312}) + \frac{\beta}{\sqrt{2}}(|110\rangle_{312} + |101\rangle_{312})
\end{aligned}
$$

2. 粒子 ③ 通過 H 量子邏輯閘

再讓粒子 ③ 通過 H 邏輯閘（$|0\rangle \to \frac{1}{\sqrt{2}}(|0\rangle + |1\rangle)$；$|1\rangle \to \frac{1}{\sqrt{2}}(|0\rangle - |1\rangle)$），三個粒子的量子態產生改變：

$$\frac{\alpha}{\sqrt{2}}(|000\rangle_{312} + |011\rangle_{312}) + \frac{\beta}{\sqrt{2}}(|110\rangle_{312} + |101\rangle_{312})$$

$$\xrightarrow{\text{粒子 3 通過 H 閘}} \frac{\alpha}{2}(|000\rangle_{312} + |011\rangle_{312} + |100\rangle_{312} + |111\rangle_{312})$$

$$+ \frac{\beta}{2}(|010\rangle_{312} + |001\rangle_{312} - |110\rangle_{312} - |101\rangle_{312})$$

$$= \frac{1}{2}(|00\rangle_{31}) \otimes (\alpha|0\rangle_2 + \beta|1\rangle_2) + \frac{1}{2}(|10\rangle_{31}) \otimes (\alpha|0\rangle_2 - \beta|1\rangle_2)$$

$$+ \frac{1}{2}(|01\rangle_{31}) \otimes (\alpha|1\rangle_2 + \beta|0\rangle_2) + \frac{1}{2}(|11\rangle_{31}) \otimes (\alpha|1\rangle_2 - \beta|0\rangle_2)$$

我們會發現，這裡的狀態和先前 Alice 與 Bob 例子裡的貝爾態有點不同，變成 $|00\rangle_{31}$、$|10\rangle_{31}$、$|01\rangle_{31}$ 及 $|11\rangle_{31}$。

▼表 7-4　使用貝爾態測量與使用邏輯閘測量之結果對照

使用貝爾態測量	使用邏輯閘
$(|Bell\ 1\rangle) \otimes (\alpha|0\rangle_2 + \beta|1\rangle_2)$	$(|00\rangle_{31}) \otimes (\alpha|0\rangle_2 + \beta|1\rangle_2)$
$(|Bell\ 2\rangle) \otimes (\alpha|0\rangle_2 - \beta|1\rangle_2)$	$(|10\rangle_{31}) \otimes (\alpha|0\rangle_2 - \beta|1\rangle_2)$
$(|Bell\ 3\rangle) \otimes (\alpha|1\rangle_2 + \beta|0\rangle_2)$	$(|01\rangle_{31}) \otimes (\alpha|1\rangle_2 + \beta|0\rangle_2)$
$(|Bell\ 4\rangle) \otimes (\alpha|1\rangle_2 - \beta|0\rangle_2)$	$(|11\rangle_{31}) \otimes (\alpha|1\rangle_2 - \beta|0\rangle_2)$

不管是上述哪一種方法，重點是，只要 Alice 做完測量後，Bob 的粒子就不會與 Alice 的粒子糾纏。而且，只要知道 Alice 的測量結果，就也會知道 Bob 的粒子轉變成什麼狀態。

步驟四 Alice 利用古典通道傳送所測量的結果。

Alice 經由測量，得知自己手上兩個粒子的糾纏狀態後，利用一般的方法（例如電話或網路），將結果告知 Bob。

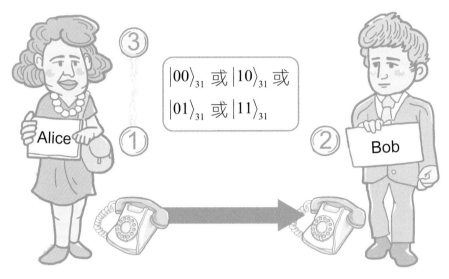

▲ 圖 7-6　Alice 利用電話將自己手上兩個粒子的糾纏狀態告知 Bob

步驟五 Bob 根據 Alice 傳送的訊息對粒子 ② 進行運算，將粒子 ② 的狀態轉換成 Alice 原本想傳送的粒子 ③ 的初始狀態。

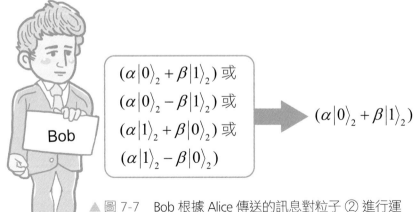

▲ 圖 7-7　Bob 根據 Alice 傳送的訊息對粒子 ② 進行運算，將粒子 ② 轉換成粒子 ③ 的初始狀態

　　Bob 依照 Alice 給他的資訊，就能讓自己手上的粒子 ② 通過對應的量子閘，讓粒子 ② 變成 $\alpha|0\rangle_2 + \beta|1\rangle_2$，也就是原本粒子 ③ 的狀態。如此一來，雖然原本的粒子 ③ 沒有移動，還在 Alice 那邊（狀態卻改變了），但 Bob 這裡已經成功複製出原本的粒子 ③ 。

　　我們現在可以製作一張屬於 Alice 與 Bob 的密碼表，如表 7-5。

▼表 7-5　Alice 與 Bob 的密碼表

Alice 傳送的訊息	Bob 手上粒子 2 的狀態	需要做的運算
$|00\rangle_{31}$	$\alpha|0\rangle_2 + \beta|1\rangle_2$	不需作用
$|10\rangle_{31}$	$\alpha|0\rangle_2 - \beta|1\rangle_2$	$Z = \begin{bmatrix} 1 & 0 \\ 0 & -1 \end{bmatrix}$ $|0\rangle \to |0\rangle$ $|1\rangle \to -|1\rangle$
$|01\rangle_{31}$	$\alpha|1\rangle_2 + \beta|0\rangle_2$	$X = \begin{bmatrix} 0 & 1 \\ 1 & 0 \end{bmatrix}$ $|0\rangle \to |1\rangle$ $|1\rangle \to |0\rangle$
$|11\rangle_{31}$	$\alpha|1\rangle_2 - \beta|0\rangle_2$	$ZX = \begin{bmatrix} 0 & 1 \\ -1 & 0 \end{bmatrix}$ $|0\rangle \to -|1\rangle$ $|1\rangle \to |0\rangle$

練習題 4

1. 如果 Bob 知道他的量子位元狀態是 $b|0\rangle + a|1\rangle$，要將狀態調變回原來狀態 $a|0\rangle + b|1\rangle$ 要使用什麼邏輯閘？

2. 如果 Bob 知道他的量子位元狀態是 $a|0\rangle - b|1\rangle$，要將狀態調變回原來狀態 $a|0\rangle + b|1\rangle$ 要使用什麼邏輯閘？

在上述步驟中，Alice 和 Bob 對自己手上的粒子進行量測，並使用古典通訊（透過網路或是通電話）告知對方測量結果，這些操作屬於 Local Operations（局域操作）and Classical Communications（古典通訊），簡稱為 LOCC。須注意的是，透過 LOCC 操作，並不能增加分離兩地（非定域）量子態的糾纏程度，所有 LOCC 操作只能維持或減少原有的糾纏程度。

量子遙傳會被仿冒嗎？

在 Alice 傳訊息給 Bob 的時候，因 Alice 通過古典通道傳送，會不會被竊聽，導致複製出一樣的量子態呢？由於其他人並不像 Bob 那樣，一開始就握有和粒子 ① 糾纏的粒子（也就是粒子 ②），因此其他人無法仿效 Bob，複製出粒子 ③ 的狀態。另一方面，這樣的傳訊方式，讓粒子 ③ 的資訊從甲地得以傳輸到乙地，會不會違反狹義相對論，產生超光速的現象呢？實際上，如果 Bob 要讓粒子 ② 變成粒子 ③ 的狀態，還須靠 Alice 通過古典通道告知 Bob 她的測量結果，所以仍是需要時間，故量子遙傳並不會違反狹義相對論。

量子遙傳發展

如果要將量子遙傳付諸實現，首先要克服的是，當拉長距離時，量子糾纏態會變得不穩定。從 1997 年第一次量子遙傳實驗成功之後，科學家克服了距

離及量子糾纏態的不穩定，於 2019 年實現 3 個維度（0、1、2）的量子遙傳，開啓物理發展史上新的篇章（圖 7-8）。

量子遙傳的發展

2019 中國科學技術大學潘建偉、陸朝陽等人和奧地利維也納大學塞林格小組合作，在國際上首次成功實現高維度量子系統的隱形傳態

2019 維也納大學和奧地利科學院的物理學家實現量子遙傳最遠距離143公里

2012 中國科學家潘建偉等人在國際上首次成功實現百公里的量子遙傳

2004 中國科學技術大學的潘建偉、彭承志等研究人員實現13公里的量子遙傳

1997 奧地利塞林格 (Zeilinger) 小組首次完成實驗驗證

▲圖 7-8 量子遙傳的發展

量子計算

　　古典電腦中的訊息是以位元的狀態來編碼，當我們想要處理這些訊息，就必須操作這些位元，並設法改變它們的狀態。在古典電腦中，操作位元的方式是透過邏輯閘達成使用者想要完成的任務，常使用的邏輯閘有 OR、AND、NOT、NAND 等（請參閱第 1-2 節）。

　　同樣地，量子訊息儲存在量子位元中，想要處理量子訊息或執行量子計算，就必須要能夠操作這些量子位元，並設法改變其狀態。如同古典電腦使用邏輯閘來操控位元，量子電腦則使用量子邏輯閘來操控量子位元。量子邏輯閘可說是量子電路的最小組成元件，每個量子演算法的運作，便是巧妙地堆疊組合了許多的量子邏輯閘，以完成特定的演算任務，並且在演算法的最後，對量子位元進行量子測量，以得到最終的演算結果。

　　本章將介紹一些量子邏輯閘的基本觀念，並介紹各種常見的量子邏輯閘，包含單量子位元邏輯閘與雙量子位元邏輯閘，每個量子邏輯閘都有其操作方式及其對應的矩陣表示式。

8-1　操作量子位元—量子邏輯閘

　　我們在第四章〈量子位元〉中講述了量子位元在數學、物理與資訊上的本質，但是仍然需要控制量子位元，才能完成想要達成的任務。本節的重點在講述如何操作量子位元，而這個操作的過程也被稱爲量子邏輯閘（quantum logic gate），亦即將量子位元的狀態依照邏輯而改變。量子邏輯閘依照控制位元的數量分爲「單閘」與「多閘」，單閘就是操作單一個量子位元的量子邏輯閘，多閘則是藉由操作兩個以上的量子位元，進而得到特定的結果。

　　儘管量子邏輯閘在量子計算中扮演如同古典邏輯閘的角色，但由於量子電腦有許多特性不同於古典電腦，因此無法用理解古典邏輯閘的方式來學習量子邏輯閘。

　　例如在第一章介紹過如何透過眞值表來理解每個古典邏輯閘的作用（詳見表 1-2），仔細觀察，會發現古典邏輯運算的輸入端有兩個輸入，而輸出卻只

有一個，這代表在古典計算中會流失原有的資訊，只獲得結果。然而量子計算卻不一樣，透過第四章〈量子位元〉的內容可以知道，量子計算的輸入與輸出都在同一個希爾伯特空間，並沒有改變資訊量。因此，古典邏輯閘的輸入與輸出位元數量可能會不同，但量子邏輯閘的輸入與輸出位元數量必須是相同的。此外，每個古典邏輯閘都有真值表來理解其作用方式，而量子邏輯閘必須了解其如何作用在量子態上，因此無法用真值表來理解。

在量子力學的世界裡，我們使用向量來表示量子態，所以操作量子位元讓它的狀態改變。在數學上，可以將操作量子位元這件事想成將矩陣乘上行向量（量子態），讓原本的行向量（量子態）變成新的行向量（量子態）。還有非常重要的一點是，若將量子邏輯閘的矩陣表達式表示為 U，則 U 必定是**么正矩陣**（unitary matrix），必須滿足下面的條件：

$$U \cdot U^{\dagger} = I$$

要特別注意的是量子邏輯閘在電路中的**排列順序**與其**矩陣乘法**之間的關係。例如下面的量子電路表示輸入態 $|\psi\rangle$ 從最左邊開始先受到 U_1 的作用，再受到 U_2 的作用：

$$|\psi\rangle - \boxed{U_1} - \boxed{U_2}$$

其矩陣乘法則為：

$$U_2 \cdot U_1 |\psi\rangle$$

請務必多留意兩者之間的順序關係。

> **么正矩陣**
>
> 么正矩陣 U 是一種作用在希爾伯特空間上的複數矩陣，但並非所有的複數矩陣都是么正矩陣。在資訊上，為了能保持計算前後資訊量不變，因此物理上要求么正矩陣要能保持基底向量的正交性，這個物理的條件在數學上則可表達為數式 $U \cdot U^{\dagger} = I$。

8-2　單量子位元邏輯閘

　　我們先介紹常見的單量子位元邏輯閘，這些量子邏輯閘有一個輸入訊號與一個輸出訊號。重要的單量子位元邏輯閘如表 8-1（在後續的數學、物理上也會用到）。

▼表 8-1　重要的單量子位元邏輯閘

符號	矩陣	向量轉換	布洛赫球面
X	$\begin{bmatrix} 0 & 1 \\ 1 & 0 \end{bmatrix}$	$\lvert 0 \rangle \to \lvert 1 \rangle$ $\lvert 1 \rangle \to \lvert 0 \rangle$	
Z	$\begin{bmatrix} 1 & 0 \\ 0 & -1 \end{bmatrix}$	$\lvert 0 \rangle \to \lvert 0 \rangle$ $\lvert 1 \rangle \to -\lvert 1 \rangle$	
Y	$\begin{bmatrix} 0 & -i \\ i & 0 \end{bmatrix}$	$\lvert 0 \rangle \to -i\lvert 1 \rangle$ $\lvert 1 \rangle \to i\lvert 0 \rangle$	
H	$\dfrac{1}{\sqrt{2}}\begin{bmatrix} 1 & 1 \\ 1 & -1 \end{bmatrix}$	$\lvert 0 \rangle \to \dfrac{1}{\sqrt{2}}(\lvert 0 \rangle + \lvert 1 \rangle)$ $\lvert 1 \rangle \to \dfrac{1}{\sqrt{2}}(\lvert 0 \rangle - \lvert 1 \rangle)$	

X 閘

X 閘又稱為**反閘**（NOT gate）。古典電腦中也常用反閘，可將一個輸入位元的狀態反轉，亦即 0 態變為 1 態，或 1 態變為 0 態。而量子電腦的量子 X 閘則是將量子位元作**位元翻轉**（bit flip），讓 $|0\rangle$ 態變為 $|1\rangle$ 態、$|1\rangle$ 態變為 $|0\rangle$ 態。也就是說，對於一個處在任意疊加態 $|\psi\rangle = \alpha|0\rangle + \beta|1\rangle$ 的量子位元通過 X 閘的操作可表示如下：

$$\alpha|0\rangle + \beta|1\rangle \; -\boxed{X}- \; \beta|0\rangle + \alpha|1\rangle$$

其矩陣表示式為：

$$X = \begin{bmatrix} 0 & 1 \\ 1 & 0 \end{bmatrix}$$

Z 閘

Z 閘的作用無法在古典電腦中找到相比擬的邏輯閘，因其作用的效果是對 $|0\rangle$ 態與 $|1\rangle$ 態之間的相對相位（relative phase）作**相位翻轉**（phase flip），而這個相對相位只能存在於量子位元中。對於一個處在任意疊加態 $|\psi\rangle = \alpha|0\rangle + \beta|1\rangle$ 的量子位元通過 Z 閘的操作可表示為：

$$\alpha|0\rangle + \beta|1\rangle \; -\boxed{Z}- \; \alpha|0\rangle - \beta|1\rangle$$

其矩陣表示式為：

$$Z = \begin{bmatrix} 1 & 0 \\ 0 & -1 \end{bmatrix}$$

Y 閘

　　Y 閘的效果更加特殊，同時兼有位元翻轉與相位翻轉的效果，並且會多引入一個**全域相位**（global phase），這是古典計算無法做到的。對於一個處在任意疊加態 $|\psi\rangle = \alpha|0\rangle + \beta|1\rangle$ 的量子位元通過 Y 閘的操作可表示為：

$$\alpha|0\rangle + \beta|1\rangle \quad \boxed{Y} \quad -i\beta|0\rangle + i\alpha|1\rangle = -i(\beta|0\rangle - \alpha|1\rangle)$$

　　從上式可看到，輸出態可以提出一個 $-i$ 的因式，這個因式就是全域相位。大多數的情況下，一個量子態的全域相位是無法量測到的，也不會引起任何物理現象，因此可將其忽略：

$$-i(\beta|0\rangle - \alpha|1\rangle) \Rightarrow \beta|0\rangle - \alpha|1\rangle$$

　　我們曾在第五章〈量子疊加〉中首次遇到量子態的全域相位，若想要真正了解全域相位可被自然地忽略掉的原因，必須借助第六章〈量子測量〉所介紹之測量的原理。當我們對量子態進行量測時，有 $P_i = |\langle i|\psi\rangle|^2$ 的機率將其投影到本徵態 $|i\rangle$。無論我們選擇什麼觀測量 $\hat{M}$ 或本徵態 $|i\rangle$，全域相位都無法影響其對應的量測機率 P_i，所以說全域相位是無法被量測到的。既然量測不到，自

然也不會引起任何物理現象，就算刻意將其忽略，也不會造成任何物理上的影響。只有在數學表示式中才能看到全域相位的身影。

Y 閘的矩陣表示式為：

$$Y = \begin{bmatrix} 0 & -i \\ i & 0 \end{bmatrix}$$

若是仔細觀察這三個矩陣，會發現這樣的關係式：

$$Y = -i\, Z\, X$$

如此便可清楚地了解上述 Y 閘的效果，也就是說，執行一個 Y 閘等同於執行 X 閘後接著執行 Z 閘，並附加上一個無物理意義的全域相位。

看到這裡，你可能會想問，既然全域相位 $-i$ 沒有物理意義，最後也會從輸出態中被忽略掉，那麼 Y 閘何不直接定義成 X 與 Z 的乘積就好呢？

這是因為，這樣定義三個量子邏輯閘的矩陣表示式，恰好對應到三個 **包立矩陣**（Pauli matrices），其矩陣表示式早已約定俗成，並且還可以用來描述更多、更廣泛的量子操作，這一點在後面還會加以介紹。

> **包立矩陣**
>
> 包立矩陣為以下三個矩陣的總稱：
>
> $$X = \begin{bmatrix} 0 & 1 \\ 1 & 0 \end{bmatrix}$$
>
> $$Y = \begin{bmatrix} 0 & -i \\ i & 0 \end{bmatrix}$$
>
> $$Z = \begin{bmatrix} 1 & 0 \\ 0 & -1 \end{bmatrix}$$
>
> 這三個矩陣除了是么正矩陣外，也同時是厄米特矩陣。請參見 7-3 節的說明。

練習題 1

使用矩陣乘法的方式來說明 X 閘、Y 閘、Z 閘對以下的量子態作用的結果：

1. $|\psi\rangle = |0\rangle$
2. $|\psi\rangle = |1\rangle$
3. $|\psi\rangle = \alpha|0\rangle + \beta|1\rangle$

阿達馬閘

阿達馬閘（Hadamard gate）以 H 表示，它可將 $|0\rangle$ 轉變成 $|0\rangle$ 與 $|1\rangle$ 且同相位的疊加態，而將 $|1\rangle$ 轉變成 $|0\rangle$ 與 $|1\rangle$ 且反相位的疊加態。這和 Y 閘一樣，是古典運算做不到的。詳細來說，若分別作用到兩個基底態，其操作可表示為：

$$|0\rangle \;-\!\boxed{H}\!-\; \frac{1}{\sqrt{2}}(|0\rangle + |1\rangle) = |+\rangle$$

以及

$$|1\rangle \;-\!\boxed{H}\!-\; \frac{1}{\sqrt{2}}(|0\rangle - |1\rangle) = |-\rangle$$

因此，如果讓一個處在任意疊加態 $|\psi\rangle = \alpha|0\rangle + \beta|1\rangle$ 的量子位元通過阿達馬閘，其效果可以表示為：

$$\alpha|0\rangle + \beta|1\rangle \;-\!\boxed{H}\!-\; \frac{\alpha}{\sqrt{2}}(|0\rangle + |1\rangle) + \frac{\beta}{\sqrt{2}}(|0\rangle - |1\rangle)$$

　　由於其對 $|0\rangle$ 與 $|1\rangle$ 兩個基底態的輸出態具有類似的形式，但有不同的相對相位，而這兩個輸出態又恰好是 X 閘的本徵態，分別對應到本徵值 ± 1，故這兩個態常被分別表示為 $\dfrac{(|0\rangle \pm |1\rangle)}{\sqrt{2}} = |\pm\rangle$。值得注意的是，若對這兩個輸出態再作用一次阿達馬閘，則又會回到原本的輸入態，亦即：

$$|0\rangle \ -\boxed{H}\!-\!\boxed{H}- \ |0\rangle$$

並且

$$|1\rangle \ -\boxed{H}\!-\!\boxed{H}- \ |1\rangle$$

　　阿達馬閘的矩陣表示式為：

$$H = \frac{1}{\sqrt{2}} \begin{bmatrix} 1 & 1 \\ 1 & -1 \end{bmatrix}$$

練習題2

對於任意量子態 $|\psi\rangle = \alpha|0\rangle + \beta|1\rangle$ 連續作用兩次阿達馬閘，會得到什麼輸出態？這樣的結果與阿達馬閘的么正性質有何關聯？

旋轉運算子

前面介紹了四種量子邏輯閘，已經足以執行一些量子演算法。但若想要更細膩地控制量子位元，例如製備布洛赫球面上任何可能的量子態，那麼前面介紹的量子邏輯閘顯然根本不夠用，我們還需要具備可在連續參數區間調控的量子操作，像是讓量子態轉動任意角度等。因此，我們需要能轉動任意角度的**旋轉運算子**（rotation operators）。

一個任意的疊加態 $|\psi\rangle = \alpha|0\rangle + \beta|1\rangle$ 總是能夠透過極座標轉換成：

$$|\psi\rangle = \cos\frac{\theta}{2}|0\rangle + e^{i\varphi}\sin\frac{\theta}{2}|1\rangle$$

而將其標示在布洛赫球面上。我們可將此量子態對布洛赫球的 x、y、z 三個軸作任意角度 α 的轉動，這些轉動的定義方式及其所對應到的矩陣表示式分別為：

$$R_x(\alpha) := e^{-\frac{i\alpha X}{2}} = \cos\frac{\alpha}{2}I - i\sin\frac{\alpha}{2}X = \begin{bmatrix} \cos\frac{\alpha}{2} & -i\sin\frac{\alpha}{2} \\ -i\sin\frac{\alpha}{2} & \cos\frac{\alpha}{2} \end{bmatrix}$$

$$R_y(\alpha) := e^{-\frac{i\alpha Y}{2}} = \cos\frac{\alpha}{2}I - i\sin\frac{\alpha}{2}Y = \begin{bmatrix} \cos\frac{\alpha}{2} & -\sin\frac{\alpha}{2} \\ \sin\frac{\alpha}{2} & \cos\frac{\alpha}{2} \end{bmatrix}$$

$$R_z(\alpha) := e^{-\frac{i\alpha Z}{2}} = \cos\frac{\alpha}{2}I - i\sin\frac{\alpha}{2}Z = \begin{bmatrix} e^{-\frac{i\alpha}{2}} & 0 \\ 0 & e^{\frac{i\alpha}{2}} \end{bmatrix}$$

這裡很明顯地可以看出，X、Y、Z 閘分別爲對布洛赫球的 x、y、z 三個軸轉動角度 $\alpha = \pi$ 的特例（並忽略一個額外的全域相位），由此也可以理解到前述 X、Y、Z 閘的矩陣表示式如此定義，確實有其重要性。

這裡有一個有趣且意義深遠的問題：阿達馬閘能不能被視爲某個轉動作用的特例呢？這個問題的答案其實可以從表 8-1 的圖示中看出來，阿達馬閘可以被當作是對 x 與 z 之間的斜軸轉動 $\alpha = \pi$。

8-3 通用單量子位元邏輯閘

在前一節中，我們介紹了四種單閘，其中三個單閘（X、Y、Z 閘）分別爲三個轉動作用的特例。

那麼，我們最大的問題是：是否可以找出任意單閘的通式呢？相信你已經猜到，想要定義一個單閘，我們必須決定兩個條件：(1) 轉動軸；(2) 轉動角度。在一個布洛赫球上，我們可以找到無窮多個可能的轉動軸，而對其轉動的角度 α 可以在 $0 \sim 2\pi$ 之間。因此，我們可以用以下通式來表達所有的單閘：

$$-\boxed{U(\theta,\ \varphi,\ \lambda)}- = \begin{bmatrix} \cos\dfrac{\theta}{2} & -e^{i\lambda}\sin\dfrac{\theta}{2} \\ e^{i\varphi}\sin\dfrac{\theta}{2} & e^{i(\lambda+\varphi)}\cos\dfrac{\theta}{2} \end{bmatrix}$$

在 8-1 節一開始有提到，量子邏輯閘的矩陣表達式必定是么正矩陣。這意味著，上式等號右邊是一個么正矩陣，其包含三個可調整的參數，且所有的單量子位元邏輯閘的矩陣表示法都可以用該么正矩陣表示之（可能需要忽略一個額外的全域相位）。由於這個表示法能夠描述所有可能的單閘，我們將其稱爲**通用單閘**（universal single-qubit gate）。這個通用單閘的矩陣表示法相當重要，尤其是當我們在 IBM Q 上想要執行通用單閘時，便是依照上式輸入所需的參數 θ、φ、λ。

了解通用單閘後，你或許會想到，由於能夠使用的資源是有限的，這樣一來，我們是不是無法做到無窮精確地操控一個量子位元了呢？這個問題背後的原因是來自於實驗上控制系統的限制。實驗上，單閘的實現是透過外加的量子控制系統，以達成對於量子位元的操控，如果想要實現無窮多的轉動軸，我們就需要無窮多的量子控制系統，但是這在實際的實驗室裡是不可能做到的，這似乎暗示著真正的通用性量子位元操控不可能實現。

很幸運地，一條簡單的數學分解式拯救了一切。儘管實驗室中不可能裝設無窮多的量子控制系統，但通用性的量子位元操控還是可以藉由組合有限個轉動作用子來達成。其背後的原理是根據以下的數式：

$$U(\theta, \varphi, \lambda) = \begin{bmatrix} \cos\dfrac{\theta}{2} & -e^{i\lambda}\sin\dfrac{\theta}{2} \\ e^{i\varphi}\sin\dfrac{\theta}{2} & e^{i(\varphi+\lambda)}\cos\dfrac{\theta}{2} \end{bmatrix} = e^{\frac{i(\varphi+\lambda)}{2}} R_z(\varphi) R_y(\theta) R_z(\lambda)$$

上式的證明其實很容易，只要將 8-2 節中介紹的 y 與 z 軸的旋轉運算子矩陣形式代入，即可得證等號成立。除了數學的證明外，上式的物理意義更加重要。等式的左邊是任意一個通用單閘，而等式的右邊是三個不同的 y 與 z 軸旋轉運算子的乘積。這告訴我們，其實只需要使用 y 與 z 兩個旋轉軸，並且適當地加以組合，便可以得到任何的通用單閘。如此一來，即使在量子控制系統數量有限的情況下，我們還是可以藉由精心調控三個轉動角度參數，並且只需組合 y 與 z 兩個旋轉軸，就可以得到所有的通用單閘，而且無窮精確地操控一個量子位元。

練習題 3

試算以下兩個量子電路的矩陣表達式：— X — Y — 和 — Y — X —
兩個結果是否相同？不同的量子邏輯閘是否能夠任意互換作用的順序？

8-4　多量子位元邏輯閘

　　介紹完單閘，接下來介紹多閘。在古典計算中，主要的雙閘有 AND 閘、OR 閘、XOR 閘、NAND 閘、NOR 閘與 XNOR 閘，這些可以實現所有的邏輯運算。在量子計算中，也有幾個重要的多量子位元邏輯閘，以下介紹三種，分別是**互換閘**（swap gate）、**受控反閘**（CNOT gate）與**托佛利閘**（Toffoli gate）。但是在多閘的情況下，無法使用布洛赫球面來圖像化邏輯閘邏輯閘的作用，原因是因為兩個量子位元處於四維的希爾伯特空間、三個量子位元處於八維的希爾伯特空間，基本上很難在實數空間表現出來。但是所有的數學邏輯都是一樣的，可以透過找到本徵態去旋轉該狀態向量或是反方向旋轉原本的基底。

　　量子多閘如表 8-2 所示。

▼表 8-2　重要的多量子位元邏輯閘

邏輯閘	符號	矩陣	向量表示
互換閘 （swap gate）		$\begin{bmatrix} 1 & 0 & 0 & 0 \\ 0 & 0 & 1 & 0 \\ 0 & 1 & 0 & 0 \\ 0 & 0 & 0 & 1 \end{bmatrix}$	$\lvert 00 \rangle \to \lvert 00 \rangle$ $\lvert 01 \rangle \to \lvert 10 \rangle$ $\lvert 10 \rangle \to \lvert 01 \rangle$ $\lvert 11 \rangle \to \lvert 11 \rangle$
受控反閘 （CNOT gate）		$\begin{bmatrix} 1 & 0 & 0 & 0 \\ 0 & 0 & 0 & 1 \\ 0 & 0 & 1 & 0 \\ 0 & 1 & 0 & 0 \end{bmatrix}$	$\lvert 00 \rangle \to \lvert 00 \rangle$ $\lvert 01 \rangle \to \lvert 11 \rangle$ $\lvert 10 \rangle \to \lvert 10 \rangle$ $\lvert 11 \rangle \to \lvert 01 \rangle$
托佛利閘 （Toffoli gate）		$\begin{bmatrix} 1 & 0 & 0 & 0 & 0 & 0 & 0 & 0 \\ 0 & 1 & 0 & 0 & 0 & 0 & 0 & 0 \\ 0 & 0 & 1 & 0 & 0 & 0 & 0 & 0 \\ 0 & 0 & 0 & 0 & 0 & 0 & 0 & 1 \\ 0 & 0 & 0 & 0 & 1 & 0 & 0 & 0 \\ 0 & 0 & 0 & 0 & 0 & 1 & 0 & 0 \\ 0 & 0 & 0 & 0 & 0 & 0 & 1 & 0 \\ 0 & 0 & 0 & 1 & 0 & 0 & 0 & 0 \end{bmatrix}$	$\lvert 000 \rangle \to \lvert 000 \rangle$ $\lvert 001 \rangle \to \lvert 001 \rangle$ $\lvert 010 \rangle \to \lvert 010 \rangle$ $\lvert 011 \rangle \to \lvert 111 \rangle$ $\lvert 100 \rangle \to \lvert 100 \rangle$ $\lvert 101 \rangle \to \lvert 101 \rangle$ $\lvert 110 \rangle \to \lvert 110 \rangle$ $\lvert 111 \rangle \to \lvert 011 \rangle$

在多閘的系統中，本書主要依照資訊中的二進制表示，也就是最右邊是第一個量子位元，往左一個是第二個量子位元，依此類推。此外，這裡還必須強調，多閘的矩陣表示法會因爲基底的排列順序不同而有所不同，因此同一個多閘可能會在不同的書中看到不同的矩陣表示法。這些矩陣表示法不應死背，而是應該充分了解其在不同基底上的作用。這裡介紹的三個作用於多個量子位元的邏輯閘非常重要，原因類似於 8-3 節所述的通用單閘之分解，更多不同的量子多閘可以設法分解成這三個多閘或單閘的組合。

先說明兩個常見的**雙量子位元邏輯閘**，一種是**互換閘**，另一種是**受控閘**（controlled gate）。這兩個量子邏輯閘有兩個輸入與兩個輸出，可用來組合成各式各樣的受控閘。

互換閘

顧名思義，互換閘就是將兩個量子位元的量子態作互換。也就是說，假設量子位元 1 處在量子態 $|\psi_1\rangle = \alpha|0\rangle + \beta|1\rangle$，而量子位元 2 處在量子態 $|\psi_2\rangle = \gamma|0\rangle + \delta|1\rangle$，則兩個量子位元在互換閘的作用下可表示爲：

$$\alpha|0\rangle + \beta|1\rangle \ \text{———}\!\!\times\!\!\text{———}\ \delta|0\rangle + \gamma|1\rangle$$
$$\delta|0\rangle + \gamma|1\rangle \ \text{———}\!\!\times\!\!\text{———}\ \alpha|0\rangle + \beta|1\rangle$$

而其矩陣表示式爲：

$$\text{SWAP} = \begin{bmatrix} 1 & 0 & 0 & 0 \\ 0 & 0 & 0 & 1 \\ 0 & 0 & 1 & 0 \\ 0 & 1 & 0 & 0 \end{bmatrix}$$

受控反閘

「若條件 A 爲眞，則執行操作 B」，這樣的條件性操作在許多計算任務中是十分常見的邏輯操作。而在量子計算中，最常見且最重要的受控閘爲受控反閘。受控反閘作用在兩個量子位元上，一個稱爲**控制量子位元**（control qubit），另一個稱爲**目標量子位元**（target qubit），若控制量子位元的量子態爲 $|0\rangle$ 時，不對目標量子位元執行任何動作：

$$|0\rangle \longrightarrow |0\rangle$$
$$\delta|0\rangle + \gamma|1\rangle \longrightarrow \delta|0\rangle + \gamma|1\rangle$$

反之，若控制量子位元的量子態爲 $|1\rangle$ 時，則對目標量子位元執行 X 閘：

$$|1\rangle \longrightarrow |1\rangle$$
$$\delta|0\rangle + \gamma|1\rangle \longrightarrow \gamma|0\rangle + \delta|1\rangle$$

因此被稱爲受控反閘。其矩陣表示式爲：

$$CNOT = \begin{bmatrix} 1 & 0 & 0 & 0 \\ 0 & 0 & 0 & 1 \\ 0 & 0 & 1 & 0 \\ 0 & 1 & 0 & 0 \end{bmatrix}$$

有趣的是，若控制量子位元的量子態爲某個疊加態 $|\psi\rangle = \alpha|0\rangle + \beta|1\rangle$，則目標量子位元會因爲這個疊加的條件，而同時受到不執行與執行 X 閘的作用，因而與控制量子位元形成糾纏態。這就是在量子電路中產生糾纏態的方法，因此受控反閘是十分重要的受控閘。

有時我們會希望有不同的控制邏輯。例如，若控制量子位元的量子態為 $|0\rangle$ 時，對目標量子位元執行 X 閘；若控制量子位元的量子態為 $|1\rangle$ 時，則不執行任何動作。像這類相反的控制邏輯，我們會用空心圓 ○ 來代替控制量子位元上的實心圓 ●，而且這樣的量子電路可由標準的受控反閘與 X 閘組合而得：

$$\begin{array}{c}\text{(量子電路圖)}\end{array}$$

這便是一個多閘與單閘組合而得到更多樣的量子位元操控的例子。

另一個重要的組合是將互換閘分解成三個受控反閘，可用量子電路表示成：

$$\begin{array}{c}\text{(量子電路圖)}\end{array}$$

這個分解的重要性並非是因我們常常需要用到這個分解式，而是讓我們了解在真實的量子電腦上執行運算後，造成錯誤的可能來源之一。儘管我們從使用者端可以在量子電腦上執行互換閘，但是在量子電腦的後端實驗室裡，量子控制系統其實是利用這個分解，用了三個受控反閘才能完成互換閘。而互換閘引起的錯誤機率往往比單閘要大得多，一旦我們設計的量子電路中出現了互換閘，便可以預期出錯的機率會大幅提升。因此，為了提升量子電路的執行效果，我們在設計量子電路時，要盡量避免使用互換閘。這一點在接下來的實作內容會更加清楚。

托佛利閘

另外，還有作用在三個量子位元的邏輯閘托佛利閘。在量子計算的發展中，托佛利閘是很重要的，它的作用是當兩個實心圓 ● 的量子位元狀態皆是 1

時，第三個量子位元作 X 閘的作用，因此只有 $|011\rangle \to |111\rangle$ 與 $|111\rangle \to |011\rangle$ 才有作用。其量子電路圖可以表示成：

$$|1\rangle \quad\longrightarrow\quad |1\rangle$$
$$|1\rangle \quad\longrightarrow\quad |1\rangle$$
$$\delta|0\rangle + \gamma|1\rangle \quad\longrightarrow\quad \gamma|0\rangle + \delta|1\rangle$$

練習題 4

試算以下量子電路的輸出態為何？

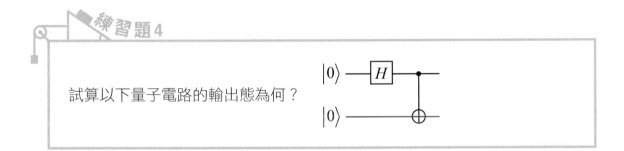

8-5　IBM Q 圖形化介面之操作

在介紹了許多的量子邏輯閘之後，我們要在量子計算平台上實際操作這些量子邏輯閘的效果。截至目前為止，雖然已經有許多真實的量子電腦已經發表且正在運作中，但大多需要經由特殊管道，或者支付大量的使用費才能夠使用。而在這些量子電腦中，IBM Q 是最早問世，而且免費開放給公眾體驗的量子計算平台。此外，IBM Q 也提供了便利的圖形化操作介面，可直接在其網站上使用，只要能掌握本書內容，即使沒有任何程式編寫的基礎，也能輕鬆體驗量子計算的威力。本節將會介紹兩個操作範例。

在開始使用 IBM Q 前，必須先自行到 IBM Q 的網站上註冊一個帳號，這個帳號是免費的，註冊過程就如一般網站申請帳號一樣，這裡就不針對這個步驟再做贅述。帳號登入後，會看到如圖 8-1 的儀表板畫面，顯示使用者帳號的一些計算工作總覽，在此不一一詳細介紹。

在如圖 8-1 的儀表板畫面中點選 Launch Composer 進入。旁邊的 Launch Lab 是使用量子程式語言的方式編寫量子電路，可待對內容熟悉之後再自行探索。

▲ 圖 8-1　IBM Q 的儀表板畫面

進入後，可看到如圖 8-2 的圖形介面，此儀表板中有幾個重要的分區：

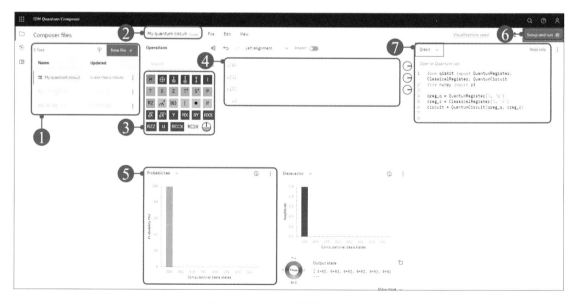

▲ 圖 8-2　IBM Q 的圖形介面介紹

❶ **量子電路列表**：你所設計的量子電路都會列在這裡，如要新增新的量子電路可點選 New file + 。

❷ **量子電路名稱及命名**：可為你所設計的量子電路命名，方便辨識。

❸ **可用單閘或多閘列表**：IBM Q 提供可用的各種單閘或多閘列表。

❹ **量子電路編輯區**：量子位元與量子電路設計區域，可將所需的量子邏輯閘從左側的 ❸ 列表中拖曳進來排列。量子位元的編號都是從 q[0] 開始，並且以連號的方式排列，無法跳號。每個量子位元的初始量子態都是 $|0\rangle$。畫面中顯示三個量子位元，如需增減量子位元的數量，可用游標點一下量子位元編號處，如 q[2]，就會出現 + 號與垃圾桶符號，點選即可增減數量。

❺ **機率預覽**：在這個區塊選擇 Probabilities 標籤，則可預覽當前電路的量測結果。量測結果的讀法為由右至左分別代表 q[0], q[1], q[2], …，依此類推。

❻ **設定與執行計算儀表板**：設計完量子電路後，可在 Setup and run 進入執行計算，以及進行相關設定。

❼ **開啟及編輯程式碼**：在 ❹ 編輯區的量子電路所對應到的量子程式語言會即時顯示在這裡，此平台目前提供 OpenQASM 2.0 與 Qiskit 兩種量子程式語言，若未來想進階學習量子程式語言，可先從這個區域觀察學習其規則。

我們先來實作一個單量子位元的例子。現在試著將一個 X 閘從 ❸ 列表拖曳放到 ❹ 編輯區中的 q[0] 上，如圖 8-3 所示。需要注意的是，現在 IBM Q 中的 X 閘已經用 ⊕ 符號取代，這點和 Y 閘或 Z 閘的圖示不同。可以看到 ❺ 機率預覽中，量測得到 000 的機率變成 0%，而量測得到 001 的機率是 100%。回顧一下 8-2 節所介紹的 X 閘，會將 q[0] 的初始量子態 $|0\rangle$ 轉變成 $|1\rangle$，故 q[0] 經量測得到 1 的機率是 100%，符合 IBM Q 顯示的結果。

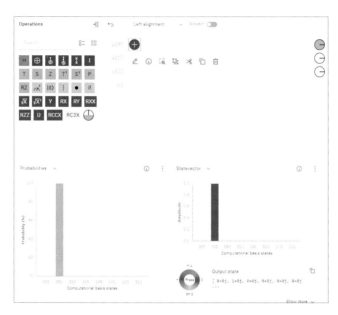

▲圖 8-3　放入一個 X 閘的機率預覽

　　接著，再試著放入一個阿達馬閘。X 閘已經將 q[0] 的初始量子態 $|0\rangle$ 轉變成 $|1\rangle$，而阿達馬閘會將 X 閘輸出的 $|1\rangle$ 態當作輸入，並且輸出疊加態 $\dfrac{(|0\rangle - |1\rangle)}{\sqrt{2}}$。故 q[0] 若經量測得到 0 與得到 1 的機率都是 50%，符合 IBM Q 顯示的結果（圖 8-4）。

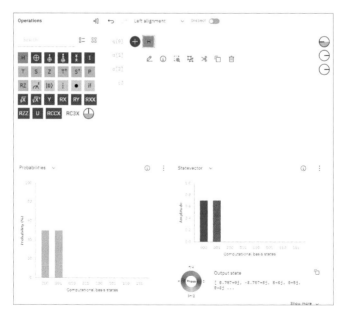

▲圖 8-4　加入一個阿達馬閘的機率預覽

接下來，如圖 8-5 所示，在線路的最末端加上一個 Z 測量 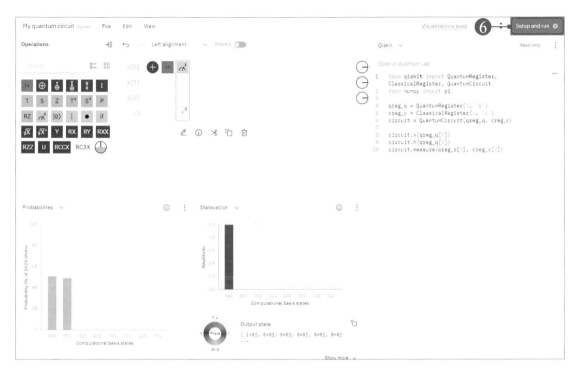 後，進到 ❻ 設定與執行計算儀表板。

▲圖 8-5　在線路的末端加上測量，並且進入【設定與執行計算儀表板】

在彈出的選單中可以看到幾個重要的分區：

❽ **量子設備列表**：你的帳號可以使用的量子設備會列在這裡，可依需求自行選擇量子設備。隨著各人帳號的權限不同，列表中可以使用的量子設備也會有所不同。要注意的是，量子設備有兩種，一種是真實的量子設備，另一種名稱包含 simulator 的是模擬器，而非真實的量子設備。真實的量子設備提供給廣大的研究者及大眾使用，若想在真實的量子設備上執行量子電路，就必須排隊等待（in queue）。若只是想做些初步測試而不想花時間等待，則可選擇模擬器。一般而言，選擇模擬器來執行，通常不需要太長的等待時間。

❾ **設定 Shots 數**：因為量子力學的量測結果都是機率，需重複執行同一個量子電路以得到量測機率，故需設定該量子電路要被重複執行量測的次數，稱為 Shots。理論上，為避免因量測次數過少而產生統計上的缺陷，所以 Shots 通常不能設定得太小。但若設定高 Shots 數，會導致執行時間漫長，因此適當的 Shots 數設定需要根據許多因素去調整而達到最佳化。範例中我們將其設定為 2000。

❿ **計算量測工作命名區**：可在此處為該計算量測工作命名，以便後續的辨識與處理。

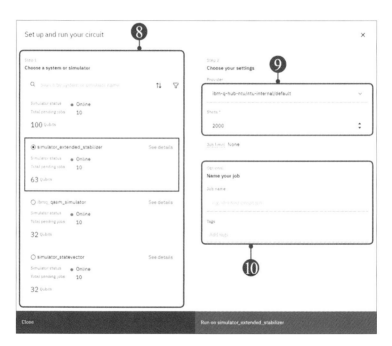

▲圖 8-6　設定與執行計算儀表板介面介紹

　　當這些都設定完成後，就可點選右下角的 `Run on device_name` 以執行計算與量測。

　　接著，開啟畫面左邊的工作（Jobs）儀表板，如圖 8-7 所示，就可看到計算完成後的工作都會列在這裡。可點選其中一個工作看計算的結果。

◀圖 8-7　工作（Jobs）儀表板

　　進到工作內容後，可以看到該工作的相關資訊，例如工作狀態是否已完成、工作送出時間、計算時間、計算設備、計算結果等。最終的計算結果會以直方圖的方式表示。本例中，我們只對 q[0] 做操作，q[1]、q[2] 保持不動，因此得到兩個測量結果：$|000\rangle$ 與 $|001\rangle$ 前兩位數都是 00，表示 q[1]、q[2] 都是處在 $|0\rangle$，而的三位數會出現 $|0\rangle$ 與 $|1\rangle$ 兩種結果，表示阿達馬閘將 q[0] 轉變到 $|0\rangle$ 與 $|1\rangle$ 的疊加態。接著，將游標移到 001 的直方圖上，便會顯示這個結果量得的次數。本例中，我們設定 Shots 為 2000，量得 001 的次數為 977，故量得 001 的機率為：

$$P_{000} = \frac{977}{2000} = 48.85\%$$

與理論值的 50% 非常接近，但仍然有些微的誤差，這個誤差的來源為模擬器也考慮了真實量子設備中的雜訊所造成。依此方式，可自行計算看看量得 000 的機率是多少（圖 8-8）。

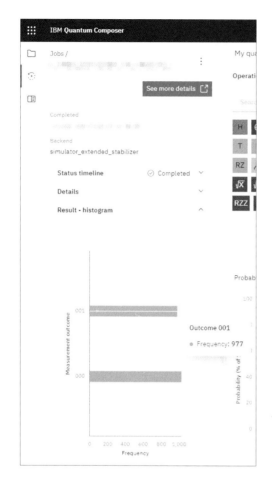

◀圖 8-8 計算工作的詳細資訊與結果，
計算結果以長條圖的方式顯示
各個量子態測量得到的次數

　　接著，來實作一個雙量子位元的範例，試著將兩個量子位元之間產生量子糾纏。

　　我們使用如圖 8-9 所示的量子電路，包含一個阿達馬閘和一個受控反閘，並且移除沒有用到的 q[2]。受控反閘一開始的預設是由 q[0] 控制 q[1]，我們可以雙擊電路上的受控反閘來開啟編輯面板，調整成所需的控制位元與目標位元。這時會看到電路下方的機率預覽 00 與 11 各是 50%。這個量子電路可用來產生量子糾纏，因此常常被用在其他的量子演算法中，是很重要的量子電路。我們也可嘗試結合 8-4 節所介紹的內容，自行計算這個量子電路的輸出量子態為何，並驗證這個預覽的機率是否與計算相符合。

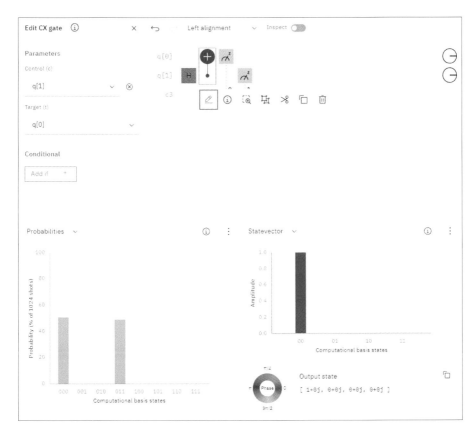

▲圖 8-9　雙量子位元的量子電路，雙擊電路上的受控反閘後，可開啟編輯面板，調整控制與目標位元

　　接著，我們在兩個量子位元線路的最末端都各加上一個 Z- 測量 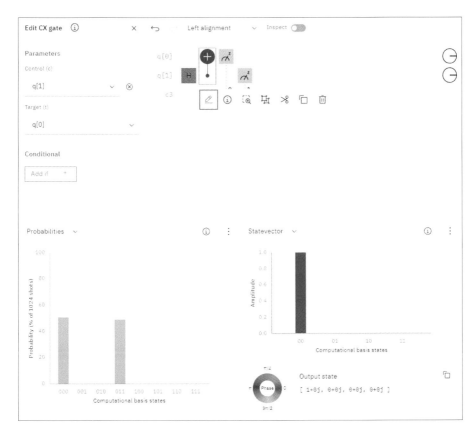 後，將這個電路送去進行運算。我們先試著將電路送給模擬器計算，得到如圖 8-10 的結果。在圖 8-10 中，可看到模擬器所計算的結果測量到 00 與 11 的機率幾乎相同，只有非常些微的差異，這個差異是因爲模擬器考慮了雜訊所造成的誤差。這個結果基本上可說是與前面的預覽機率是一致的。

　　接下來，再次將這個電路送去進行運算，但這次我們試著從選單中選擇眞實的量子設備。隨著帳號的權限不同，清單中可選擇的量子設備會有所不同。此外，因 IBM Q 也會不斷地推陳出新，所以隨著時間經過，清單中可選擇的量子設備也會因爲舊設備的淘汰而有更替。

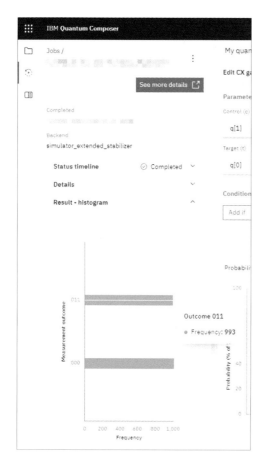

▲ 圖 8-10　模擬器的計算結果以長條圖顯示，00 與 11 的機率非常接近，但仍有模擬器所考慮的誤差存在

▲ 圖 8-11　真實的量子設備 ibmq_quito 的計算結果中可見顯著的誤差

　　如圖 8-11 所示，在這個範例中所選的量子設備是 ibmq_quito，可以看到在真實設備上所計算與量測出來的結果與模擬器和預覽的結果有很顯著的差異。第一個差異是，00 與 11 的機率已經明顯偏離了 50%。第二個差異是，不該出現的 01 與 10 在真實的量子設備中卻出現了，這無論是在預覽機率或是模擬器中，都是沒有的現象。

　　那麼，爲什麼在眞實的設備上所計算與測量之後的結果，和理想的狀況有如此顯著的差異呢？原因是目前量子電腦的各種操作與量測過程中，都還存在相當的雜訊，因此造成了我們所見的錯誤結果。

　　這樣的錯誤結果也大大限制了目前量子電腦的性能，使其還不易如理想中擁有勝過古典電腦的優勢，超高速地執行運算工作。要徹底解決這個問題，需要兩個重要的進展。首先，量子位元的製程技術與操作技術要有所提升，讓雜訊可以從根本抑制下來。當雜訊逐漸抑制、減少之後，製程技術方面會變得越來越難以突破，此時就需要發展**除錯**（error correction）以及**可容錯**（fault tolerance）的計算技術，容許量子電腦中存在著一定程度的雜訊，但還是能夠獲得足夠精確的計算結果。其實，若是回顧當前電腦的發展歷程，也會發現曾經歷類似的過程。因此目前各國都有許多頂尖的科學家與工程師，投入龐大心力在這兩方面進行研究，希望在未來，你也能投入研究的行列。

練習題5

請使用 IBM Q 的電路作曲家（Circuit Composer），製作如下圖的量子遙傳線路。

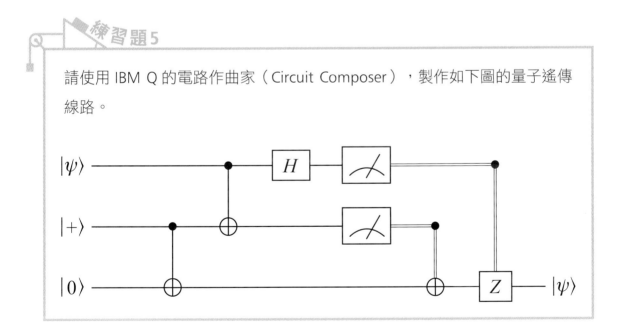

178

1. 8-2 節中曾提到 X、Y、Z 閘的矩陣表示式滿足如下的關係：

$$Y = -i\,Z\,X$$

但 Y 閘的作用效果等於 X 閘與 Z 閘的組合，與全域相位 -i 無關。現在，讓我們在 IBM Q 上驗證這點。試著在 IBM Q 上分別執行以下兩個電路：

q[0] —X—Z—📐
q[0] —Y—📐

觀察其量測結果是否相同。

2. 試著在 IBM Q 上分別執行以下兩個電路：

q[0] —$R_x(\pi/2)$—📐
q[0] —$R_y(\pi/2)$—📐

並觀察其量測結果是否相同。

【提示】可雙擊旋轉運算子以開啟編輯面板，輸入旋轉角度 $\dfrac{\pi}{2}$。

3. 嘗試利用 8-2 節中所介紹的旋轉運算子，分別計算以下兩個電路的輸出態是否相同：

$|0\rangle$ —$R_x(\pi/2)$—
$|0\rangle$ —$R_y(\pi/2)$—

4. 綜合第 2 題與第 3 題的結果，仔細想想為什麼不同的量子態卻有相同的測量結果？如何才能在測量結果體現這兩個量子態的不同？

5. 嘗試將第 2 題中的電路改成：

$$q[0] - R_x(\pi/2) - H - \text{measure}$$
$$q[0] - R_y(\pi/2) - H - \text{measure}$$

並觀察其量測結果是否相同。

若再次將電路改成：

$$q[0] - R_x(\pi/2) - S^\dagger - H - \text{measure}$$
$$q[0] - R_y(\pi/2) - S^\dagger - H - \text{measure}$$

觀察其量測結果是否相同。

6. [第 2~5 題之原理] 在量子資訊理論中，為能將量子態所有的資訊完整地讀取出來，我們必須對量子位元進行各種不同觀測量 $\hat{M}$ 的量測，這個過程叫做量子態斷層掃描（quantum state tomography），是許多量子實驗裡非常重要的技巧。然而在 IBM Q 中預設提供的量測方向只有 Z 量測，對於執行量子態斷層掃描顯然是不夠的。但我們依然可以利用如第 5 題中的技巧，分別完成 X 量測與 Y 量測，這讓我們可以在 IBM Q 上實現量子態斷層掃描。

量子演算法

演算法，簡單地說，就是為了完成一個特定的計算任務所設計的資料處理流程。而**量子演算法**，就是在這個資料處理流程中使用了量子的特性而成的演算法。由於這些量子的特性是古典電腦所沒有的，所以一些巧妙設計的量子演算法常可展現古典演算法無法輕易達到的計算能力，或是顯著的加速運算效果。

必須注意的是，這並不表示量子演算法保證一定可以有加速運算的效果，而且量子演算法也並不必然優於古典演算法。量子演算法的優勢，常常是依賴計算任務的特性而定。

本章將介紹量子演算法之所以能夠加速的原理及其限制，並且介紹三個重要的演算法，這三個演算法都運用了此原理，因而能達到加速運算的效果。

9-1　量子平行性與其限制

在各種奇特的量子特性中，最常被運用在量子演算法的特性就是**量子疊加**（quantum superposition），這使得量子位元可以處在不同量子態的疊加中，進而在資料處理時可達到**量子平行性**（quantum parallelism）。其實，平行性在古典電腦中也是重要的加速手段，例如現今的 CPU 都有多核心的設計，或者一些巨大的運算工作站具有叢集的架構等。古典電腦的平行性是指，設法將一個冗長的計算任務拆解成幾個可以獨立計算的子任務，再將這些子任務分配給許多不同的運算單元同時進行運算，最後再將各個運算單元的輸出統合起來，成為最後的運算結果，如圖 9-1 所示。

量子平行性

當量子位元處於 $|0\rangle$ 與 $|1\rangle$ 的疊加狀態下，此時對量子位元進行操作，亦即對 0 進行操作的同時也對 1 進行操作，看似只對量子位元進行一次操作，卻可同時得到兩種結果，就好像進行平行運算一樣，因而有加速的效果。換言之，量子平行性是將不同的計算任務製備在量子疊加的狀態下所獲得的計算加速效果。

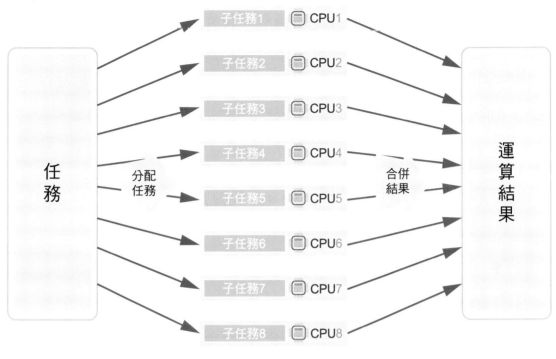

▲圖 9-1　古典電腦中的平行計算

　　設想，若想要計算某個函數 $f(x)$ 對 $x = 00, 01, 10, 11$ 四個二位元數值的計算結果，那麼我們必須執行四次計算，或者必須擁有四個運算單元，讓其同時進行運算（圖 9-2）。

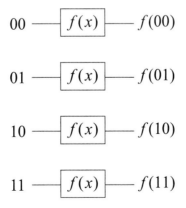

▲圖 9-2　要計算 $f(x)$ 對 4 個二位元數值的結果，必須計算 4 次，或是有 4 個運算單元

　　然而，若我們擁有的是量子電腦處理器，這個情況將大爲不同。

　　將這四個二位元數值想像成兩個量子位元的量子態 $\{|00\rangle, |01\rangle, |10\rangle, |11\rangle\}$，則這兩個量子位元可被製備在一個任意的疊加態 $|\psi\rangle = \alpha|00\rangle + \beta|01\rangle + \gamma|10\rangle + \delta|11\rangle$ 中。那麼，我們只需要用一台雙量子位元的量子電腦執行一次計算，則所有我們想要的結果就在輸出態中，形成疊加態。如下所示：

$$\alpha|00\rangle + \beta|01\rangle + \gamma|10\rangle + \delta|11\rangle \longrightarrow \boxed{f(x)} \longrightarrow \alpha|f(00)\rangle + \beta|f(01)\rangle + \gamma|f(10)\rangle + \delta|f(11)\rangle$$

　　從上面的例子可以知道，每當量子電腦增加一個量子位元，相對於古典電腦的計算力就會倍增。以此類推，當量子電腦執行 n 個量子位元的計算時，相當於古典電腦的計算力為 2^n，所以我們會說量子電腦的計算力是以指數方式成長。

　　儘管從上面的推論來看，量子平行性會使得量子電腦擁有古典電腦難以望其項背的計算力，但事實上，也正是因為這個量子疊加的特性，我們所得到的其實並不是真正想要的結果 $\{f(00), f(01), f(10), f(11)\}$，而是其疊加態 $f(|\Psi\rangle) = \alpha|f(00)\rangle + \beta|f(01)\rangle + \gamma|f(10)\rangle + \delta|f(11)\rangle$。若要將我們想要的資訊提取出來，就必須再執行一次量子測量，但每次的測量只能隨機得到其中一個結果，而且輸出的疊加態 $f(|\psi\rangle)$ 也會因為量子測量而塌縮消失。為了要能夠提取出所有的結果，量子電腦就必須不斷地反覆執行計算並測量，也因為量子測量的結果是隨機出現，因此大多無法恰好在 2^n 次反覆運算後得到全部的答案，勢必需要更多的計算程序，如此一來就完全失去了前述的優越性，甚至更加耗費運算資源。這樣看來，似乎量子電腦實際上並不可能真的贏過古典電腦？

　　在上面的例子裡，由於我們的運算任務是希望得到所有的結果 $\{f(00), f(01), f(10), f(11)\}$，對於這類型的運算任務，量子電腦並無法取得任何優勢。然而，假如我們要執行不同類型的運算任務，旨在了解資料分布總體特性的話，

例如只輸出其中的最大值，則古典電腦還是必須完成所有個別數值的計算後才能決定最大值，而量子電腦可憑藉其量子疊加的特性，搭配精心設計的量子演算法，快速地找到最大值。

至此，我們可以更清楚地體認前言中所說的「量子電腦的優越性並非普遍通用，而是依賴計算任務的特性而定」。

9-2　Deutsch-Jozsa 演算法

Deutsch-Jozsa 演算法（Deutsch-Jozsa algorithm）在量子資訊發展史上有重要的地位，雖然演算法想解決的問題並沒有日常生活中的實際用途，但這個演算法是第一次實際展示了利用量子特性的優勢能夠更快速地解決一個特定的問題。Deutsch-Jozsa 演算法利用到的量子特性，除了前述的量子平行性之外，還有不同量子態之間可能產生**量子干涉**（quantum interference）的現象。

而所謂的「特定的問題」，是要辨識一個未知函數 $f(x)$ 的類型，這個函數有 n 個位元的輸入，但只有一個位元的輸出，所以這個函數可用下面的數式表達：

$$f : X \to \{0,\ 1\}$$

其定義域 $X = \{0,\ 1,\ 2,\ 3,\ ...,\ 2^n - 1\}$ 為所有 n 個位元可以表示的數。這個函數的行為只有兩種類型：若無論輸入值 x 是多少，函數 f 總是輸出相同的結果，則此函數被歸類為**常數**（constant）；若函數 f 會對半數的 x 值輸出 0，另一半的 x 值輸出 1，則此函數被歸類為**平衡**（balanced）。

首先來想想，我們該怎麼解決這個問題？古典的方式只能將 x 值一個一個代入未知函數 f 計算其輸出。假設我們運氣很好，只計算了 $f(0)$ 和 $f(1)$ 就發現輸出不同，那麼就可以判定未知函數 f 屬於平衡類型。如果我們運氣比較差，

計算了 $x = 0, 1, 2, 3, ..., 2^{n-1} - 1$ 半數的 x 值都得到相同的輸出（例如都是 0），至此我們還無法確認未知函數 f 屬於哪一類型，必須再多計算一次 $x = 2^{n-1}$，若得到 $f(2^{n-1}) = 0$，則屬於常數，若得到 $f(2^{n-1}) = 1$，則屬於平衡。亦即，若輸入值需用 n 個位元來表示，則至少須執行 2 次計算，至多需要執行 $2^{n-1} + 1$ 次計算。

如果我們擁有量子電腦，又該如何更快速地解決這個問題呢？為了兼顧說明過程的簡易明瞭與詳細深入，我們考慮 3 個量子位元的輸入，在掌握其內涵之後，便可輕易自行推演至更多的輸入。

當我們有 3 個量子位元，就可以組成 $2^3 = 8$ 個正交的量子態當作輸入值 x。如同古典電腦的二進位與十進位的編碼規則一般，我們將這 8 個量子態命名為 $|0\rangle = |000\rangle$、$|1\rangle = |001\rangle$、$|2\rangle = |010\rangle$、$\cdots$、$|7\rangle = |111\rangle$，或是可以更簡潔地寫成 $|x\rangle = |x_1 x_2 x_3\rangle$，其中，$x = 0, 1, 2, \cdots, 7$，而 x_1、x_2、x_3 各自可為 0 或 1。除了用來編碼輸入值的 3 個量子位元之外，Deutsch-Jozsa 演算法還需要一個額外的量子位元作為**答案註冊器**（answer register），其功能稍後便能了解。

Deutsch-Jozsa 演算法可用如圖 9-3 的量子電路表示。

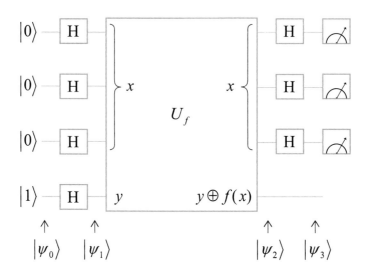

▲ 圖 9-3　Deutsch-Jozsa 演算法的量子電路整體概觀

　　圖 9-3 中，前三個量子位元作爲輸入位元，第四個是答案註冊器，因此初始態可以表示爲：

$$|\psi_0\rangle = |000\rangle \otimes |1\rangle$$

　　接著，每個量子位元都會受到一個阿達馬閘的作用，通過這個阿達馬閘轉換後，輸入位元的量子態恰好會是所有輸入值 $x = 0, 1, 2, \cdots, 7$ 的疊加態：

$$|\psi_1\rangle = H^{\otimes 3}|000\rangle \otimes H|1\rangle = (\frac{1}{\sqrt{2^3}}\sum_{x=0}^{7}|x\rangle) \otimes (\frac{|0\rangle - |1\rangle}{\sqrt{2}})$$

　　請注意，在這個步驟中，我們已經將輸入值 x 改用十進位的編碼的方式表示。接下來，假設未知函數 $f(x)$ 的計算可以用 U_f 這個量子電路來執行，那麼就可以將疊加態 $|\psi_1\rangle$ 輸入到 U_f 中。而 $U_f : |x, y\rangle \rightarrow |x, y \oplus f(x)\rangle$，其作用方式爲根據輸入位元的 x 值將計算結果 $f(x)$ 以 $y \oplus f(x)$ 的方式在答案註冊器輸出，但不對輸入位元的量子態做任何操作。由於 $|\psi_1\rangle$ 已經是所有 x 的疊加態了，所以只須透過一次 U_f 的作用，便可將所有的計算結果 $f(x)$ 疊加到答案註冊器，量子平行性便在這裡發揮了作用。這個步驟詳細的計算過程如下：

$$\begin{aligned}|\psi_2\rangle = U_f|\psi_1\rangle &= \frac{1}{\sqrt{2^3}}\sum_{x=0}^{7}|x\rangle \otimes (\frac{|0 \oplus f(x)\rangle - |1 \oplus f(x)\rangle}{\sqrt{2}}) \\ &= \frac{1}{\sqrt{2^3}}\sum_{x=0}^{7}(-1)^{f(x)}|x\rangle \otimes (\frac{|0\rangle - |1\rangle}{\sqrt{2}})\end{aligned}$$

在上式的最後一個等式中，我們運用了二進位的加法 $\oplus$，此外也請注意，$f(x)$ 只會是 0 或 1。當 $f(x) = 0$ 時，二進位加法 $\oplus$ 並不會改變 y 的值。但 $f(x) = 1$ 時，二進位加法 $\oplus$ 會使 y 的值 0 與 1 互換，這會使得答案註冊器的量子態因而生成一個負號。因此，當 U_f 將答案 $f(x)$ 寫入處於 $|-\rangle$ 態的答案註冊器後，答案 $f(x)$ 反而會以相位的型態存在，而得到上式的結果。

最後一個步驟，將所有的輸入位元再作用一次阿達馬閘，我們會得到最終的輸出態：

$$
\begin{aligned}
|\psi_3\rangle = H^{\otimes 3}|\psi_2\rangle &= \left(\frac{1}{\sqrt{2^3}}\sum_{x=0}^{7}(-1)^{f(x)}\left|H^{\otimes 3}x\right\rangle\right)\otimes\left(\frac{|0\rangle-|1\rangle}{\sqrt{2}}\right) \\
&= \frac{1}{2^3}\left(\sum_{x=0}^{7}(-1)^{f(x)}\right)|0\rangle\otimes\left(\frac{|0\rangle-|1\rangle}{\sqrt{2}}\right) \\
&\quad + \frac{1}{2^3}\sum_{z=1}^{7}\left(\sum_{x=0}^{7}(-1)^{\vec{x}\cdot\vec{z}+f(x)}\right)|z\rangle\otimes\left(\frac{|0\rangle-|1\rangle}{\sqrt{2}}\right)
\end{aligned}
$$

其中，$\vec{z}$ 為 z 的二進位表示字串所形成之向量，例如 $\vec{1} = (0, 0, 1)$，$\vec{2} = (0, 1, 0)$，$\cdots$，$\vec{7} = (1, 1, 1)$，而 $\vec{x}$ 亦同。這個步驟的過程較為複雜，需要耐心計算。

那麼，我們該如何決定 $f(x)$ 的類型呢？仔細觀察 $|\psi_3\rangle$ 的結構，對 x 的加總現在扮演相對相位的角色（出現在指數），若 $f(x)$ 屬於常數，則最後一項會因為對 x 的加總而消失，只留下代表 $z = 0$ 的第一項。因此，最後對三個輸入位元做測量只會得到 0 的結果，也就是測量得到量子態 $|000\rangle$，這就是量子干涉的結果。反之，若量子位元的量測結果中偶有 1 出現，則表示有 $z \geq 1$ 的項存在，則 $f(x)$ 必定屬於平衡。

練習題 1

請嘗試設計 Deutsch-Jozsa 演算法中 U_f 的量子電路。

9-3　Grover 演算法

Grover 演算法（Grover's algorithm）是由美籍印度裔的計算機科學家 Lov K. Grover 所提出，目的是利用量子電腦的特性來加快資料庫搜尋的速度，因此 Grover 演算法又被稱為**量子搜尋演算法**（quantum search algorithm）。

當我們走進一座圖書館想要尋找一本書，會利用關鍵字在圖書館的館藏查詢系統中搜尋，但這個查詢系統是如何運作的呢？大致而言，就是把我們輸入的關鍵字與資料庫內的資料一一做比對，相符的資料便會被留下來。因此，若是圖書館館藏越豐富，資料庫越龐大，執行比對的次數就會增加，兩者大約成正比關係，可記做 $O(N)$，其中 N 表示館藏量。

對於這種資料庫搜尋的問題，可以抽象地用下面的數式來描述：

$$f_K : \{0,\ 1,\ 2,\ 3,\ ...,\ N-1\} \to \{0,\ 1\}$$

意思是說，資料庫裡有 N 筆資料，分別被標號為 $0, 1, 2, 3, ..., N-1$，函數 f_K 為某個關鍵詞搜尋器，遇到符合關鍵詞 K 的資料便會回傳 1，不符合則回傳 0。

古典電腦搜尋的速度之所以較慢，是因為這 N 筆資料每次被選來比對關鍵詞的機率都是一樣的。若使用量子電腦來執行量子搜尋任務，演算法的核

心概念大致可分成兩個部分，分別是**量子疊加**以及**量子搜尋放大器**。讓量子態變成疊加態，可以一次完成 N 筆資料的比對，也就是說，量子搜尋器一次就可以找遍整個資料庫並辨識所需的資料，但即便是所需的資料已經被辨識到，但還是與不需要的部分疊加在一起，必須透過量子測量而得，因此必須設法適當放大該資料被測量到的機率。如此重複執行約 $O(\sqrt{N})$ 次，便可輕易透過測量獲得所需的資料。量子電路整體如圖 9-4 所示。

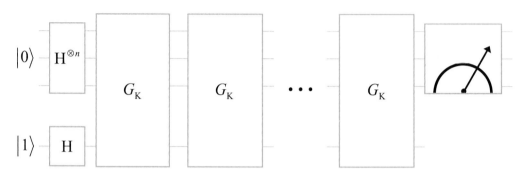

▲圖 9-4　Grover 演算法的量子電路整體概觀

第一個部分是將 n 個輸入位元通過阿達馬閘轉換來達成資料庫裡所有資料的疊加態，我們將其表示為：

$$|\psi\rangle = \mathrm{H}^{\otimes n}|0^{\otimes n}\rangle = \frac{1}{\sqrt{N}}\sum_{x=0}^{N-1}|x\rangle$$

若有 n 個輸入位元，表示共有 $N = 2^n$ 筆資料。此外，我們還需要額外的量子位元作為演算法所需的答案註冊器，這些都與前面介紹的 Deutsch-Jozsa 演算法相同。接著是 Grover 運算子 G_K，用來辨識所需的資料與放大其被測量到的機率，因此 G_K 可看成是由兩個模組組成，分別達成辨識資料與放大的功能，且可因應資料量 N 與關鍵詞 K 不同，而選用適當的運算子模組。其量子電路如圖 9-5 所示。

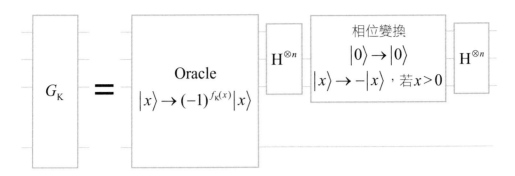

▲圖 9-5　Grover 演運算子 G_K 的量子電路整體概觀。可看到其包含兩個模組，分別達成資料辨識與放大的功能

第一個運算子模組：辨別是否為需要的資料，並加以註記

　　G_K 的第一個運算子模組稱爲 Oracle，以 O 表示，用來區分輸入值 x 是否是我們所需的資料，若是需要的，則爲變換其相位作爲標示，否則不作任何操作。這個效果在前面 Deutsch-Jozsa 演算法對處在 $|-\rangle$ 態（$|1\rangle$ 態經過 H 閘作用）答案註冊器的操作中也可以看到。

第二個運算子模組：放大搜尋到所需資料的機率

　　接下來的放大步驟包含了兩個阿達馬閘轉換夾著一個相位變換，這個步驟可用以下的數式表達：

$$H^{\otimes n}(|0\rangle\langle 0| - \sum_{x \neq 0}|x\rangle\langle x|)H^{\otimes n} = H^{\otimes n}(2|0\rangle\langle 0| - I)H^{\otimes n} = 2|\psi\rangle\langle\psi| - I$$

因此整個 Grover 運算子 G_K 可以表達成：

$$G_K = (2|\psi\rangle\langle\psi| - I)O$$

為何執行 G_K 可以達到放大所需資料的效果呢？為了能夠更清楚地展示其內涵，G_K 的操作過程可用圖 9-6 來表達。

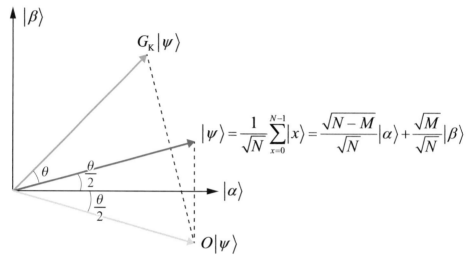

▲圖 9-6　Grover 運算子 G_K 的操作過程

在將 n 個輸入位元通過阿達馬閘轉換達成疊加態 $|\psi\rangle = \dfrac{1}{\sqrt{N}}\sum_{x=0}^{N-1}|x\rangle$. 後，這個疊加態裡包含了我們不需要的部分 $|\alpha\rangle = \dfrac{1}{\sqrt{N-M}}\sum_{x'}|x'\rangle$，以及 M 筆我們所需資料的疊加態 $|\beta\rangle = \dfrac{1}{\sqrt{M}}\sum_{x''}|x''\rangle$，因此疊加態 $|\psi\rangle$ 可被表示成 $|\psi\rangle = \dfrac{\sqrt{N-M}}{\sqrt{N}}|\alpha\rangle + \dfrac{\sqrt{M}}{\sqrt{N}}|\beta\rangle$，如圖 9-6 的紅色向量所示。在 G_K 的第一步中，疊加態 $|\psi\rangle$ 會先經由 Oracle 辨識 $|\beta\rangle$ 並改變其相位，因此得到：

$$O|\psi\rangle = \frac{\sqrt{N-M}}{\sqrt{N}}|\alpha\rangle - \frac{\sqrt{M}}{\sqrt{N}}|\beta\rangle$$

這個作用可以看成是對於 $|\alpha\rangle$ 軸的鏡射對稱，如圖 9-6 的綠色向量所示。接著，G_K 的第二個部分等於是將 $O|\psi\rangle$ 態對於 $|\psi\rangle$ 態作鏡射對稱而得到輸出態：

$$G_K|\psi\rangle = \cos\frac{3\theta}{2}|\alpha\rangle + \sin\frac{3\theta}{2}|\beta\rangle$$

因此，整體 G_K 的作用可以理解成是將輸入態向所需的 $|\beta\rangle$ 旋轉 θ 角度。只要執行 k 次運算子 G_K，就可以把初始輸入態的角度從 $\frac{\theta}{2}$ 轉到 $(2k+1)\frac{\theta}{2}$，逐漸靠近 $|\beta\rangle$，也就是說，測量得到 $|\beta\rangle$ 的機率會逐次升高。

但有兩點必須特別注意：

1. 運算子 G_K 的次數並非越多越好，而是需要適當的次數讓 $(2k+1)\frac{\theta}{2}$ 盡量接近 $\frac{\pi}{2}$，也就是讓最終的輸出態 $(G_K)^k|\psi\rangle$ 盡量接近 $|\beta\rangle$，以提高測量的機率。

2. 通常無法經過整數次的 G_K 疊代運算來使得 $(2k+1)\frac{\theta}{2}$ 正好等於 $\frac{\pi}{2}$，亦即最終的輸出態 $(G_K)^k|\psi\rangle$ 不見得能恰好等於 $|\beta\rangle$，這會使得測量成功的機率有一定的上限，也有測量到 $|\alpha\rangle$ 態而宣告失敗的機率，並非保證每次都能成功測量到 $|\beta\rangle$。但若是在 $N \gg M$ 的情況下，也就是資料庫量 N 十分龐大，但所需的資料筆數 M 相對很少，則最終的成功機率可以相當接近 1。

練習題 2

試驗證以下電路可作為 Grover 運算子 G_K 之 Oracle，且其效果為從 $\{|0\rangle, |1\rangle, |2\rangle, |3\rangle\}$ 中分別搜尋出 $|0\rangle$、$|1\rangle$、$|2\rangle$、$|3\rangle$。

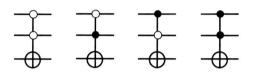

練習題 3

承練習題 2，對於這類四選一的問題，疊加態 $|\psi\rangle$ 如何表示成 $|\alpha\rangle$ 與 $|\beta\rangle$ 的疊加？需要執行幾次運算子 G_K 以獲得最大測量機率？

9-4　Shor 演算法

　　Shor 演算法（Shor's algorithm）是由美籍計算機科學家 Peter Shor 所提出，旨在利用量子電腦的特性來更有效率地解決一個重要的數學問題—質因數分解，因此這個演算法有時又被稱為**量子質因數分解演算法**。然而，Shor 演算法不僅融合了量子傅立葉轉換（quantum Fourier transform）與其反轉換、量子相位估算（quantum phase estimation）、量子級次尋找（quantum order finding）等三個不同的量子演算法作為子程式（subroutine），而且牽涉數論中的一些數學理論，對 Shor 演算法運作原理的詳細介紹已超出本書範圍，故在此不多加贅述。但因 Shor 演算法具有相當之重要性，甚至可說是促成現今量子電腦快速發展的關鍵推手之一，因此這一節會介紹 Shor 演算法所要解決的問題及其帶來的影響，除了讓讀者能了解其重要性之外，也期許能更廣泛地介紹量子電腦相關領域的知識。

　　首先，我們必須了解質因數分解這個數學問題的困難之處與其影響。質因數分解相信大家都不陌生，且在數學課程裡已經做過非常多的練習，所以你可能會疑惑，這有什麼難的呢？例如：

$$15 = ? \times ?$$
$$21 = ? \times ?$$

我們當然可以一眼看出答案為 $15 = 3 \times 5$、$21 = 3 \times 7$。但若遇到的是這樣的問題：

$$1961 = ? \times ?$$
$$3149 = ? \times ?$$

就沒有那麼容易找出答案了。如果我們花點時間嘗試，還是有辦法解出答案為 $1961 = 37 \times 53$、$3149 = 47 \times 63$。

　　很明顯地，隨著待分解數字的位數增加，問題的難度立刻就快速提升。例如，若遇到的問題是：

$$12505153 = ? \times ?$$
$$17284607 = ? \times ?$$

這已經無法只靠紙筆有效解決，而必須借助電腦才能得到答案為 $12505153 = 2957 \times 4229$、$12284607 = 3931 \times 4397$。

　　隨著待分解數字的位數增加，古典電腦所需的計算時間也大幅增加了，要分解一個 309 位數的數字，目前的古典電腦需要超過 10 萬年以上的時間才能分解完成！原因是，以現今的古典演算法而言，尚無法有效率地解決這個問題，也就是說，對於一個 n 位數的待分解數字，目前沒有能夠以多項式時間複雜度（polynomial time complexity，函式寫為 $O(n^k)$）將其分解完成的古典演算法。

　　雖然這看似是一個純理論數學領域裡難以解決的問題，但也正因為這個難以破解的複雜度，讓它在我們的日常生活中有非常重要的應用，那就是密碼系統—RSA **加密演算法**。RSA 加密演算法是由 Ron Rivest、Adi Shamir、Leonard Adleman 於 1977 年一起提出的一種加密演算法，在現今的電子商務中被廣泛

使用，例如我們在網路上購物時，信用卡的資訊必須透過 RSA 加密後與銀行方面通訊。RSA 加密演算法的運作原理中，必須先產生一個相當高位數的待分解數字 N 當作公鑰傳遞給對方，以作為加密之用。RSA 加密演算法的安全性是建基在高位數 N 的質因數分解難以被找出，即便是加密後的資訊遭受竊取，也會因為 N 無法有效率地被分解，故不需擔心密碼在短時間內遭到破解導致私密資訊外洩。就算是被破解了，也早已超過該私密資訊的有效期限。例如，在網路購物時，透過銀行授權的過程大約是幾分鐘的時間，只要網路通訊協定使用了上百位數的 N，那麼這個破解時間遠大於銀行授權的時間，所以我們可以放心付款，而不必擔心資訊受到竊取而被盜刷等問題。

然而這個看似安全的作法，在 Peter Shor 提出量子質因數分解演算法後，其安全性便受到威脅。因 RSA 加密演算法的安全性是建基在質因數分解的複雜度上，故只能防止古典電腦的攻擊，一旦量子電腦誕生，那麼 RSA 加密資訊便可能受到量子電腦的攻擊而遭竊取外洩。因此，各國政府開始意識到問題的嚴重性，不只人們的信用卡會被盜刷，甚至政府內部的各種機密資料也不再安全，隨時暴露在被竊取的風險。是故各國開始投注龐大的經費與人力在量子電腦與相關領域的研究發展上，不只是發展量子電腦的硬體，還包括**量子密碼學**（quantum cryptography）以防止未來可能產生的量子駭客，以及在目前量子電腦的能力尚不足以正式構成威脅之前，先研究改善當前密碼強度的**後量子密碼學**（post-quantum cryptography）。

儘管現在已經有量子電腦，而且也有學者使用量子電腦成功地完成了非常簡單的質因數分解，例如$15 = 3 \times 5$，但我們暫時還不需要擔心信用卡會受到量子電腦的攻擊與盜刷，因為以目前量子電腦的效能而言，要能夠達到入侵網路並破解密碼的程度，還有很長一段路要走。

本章介紹的三個量子演算法都是非常有名的量子演算法，其中的許多概念與技巧也時常被應用在其他的演算法中，或是用來當作子程式。此外，還有許

多類型迥異的量子演算法，例如用來模擬量子元件行為的演算法、**量子類比模擬演算法**（analog quantum simulation），以及與古典電腦一起聯袂出擊的**變分量子演算法**（Variational quantum algorithm）等，都有其精彩有趣之處。一些新穎的演算法之建構，不僅是依靠拼湊既有的演算法規則，有時更是靈光閃現的創意所激發出來的產物。當我們在日常生活中遇到問題時，不妨也想想，是不是能用量子電腦來幫助我們解決這些問題呢？或許你也可以建構出一些新奇有趣的演算法哦！

　　各種科技發展日新月異，量子電腦究竟何時會實質影響我們的日常生活，這實在是當下無法回答的問題。但可以預期的是，由於量子電腦及相關技術的發展，我們未來的生活面貌一定會和現在有所不同。

索引

簡答

Chapter 2
練習題 1：A

Chapter 3
練習題 1：B、D
練習題 2：看得到火光；聽不到聲響。

Chapter 8
練習題 3：兩個結果並不相同；量子邏輯閘的位置不可任意
　　　　　互換順序。

練習題 6：1. 相同。　2. 相同。　3. 不同。
　　　　　4. 略。　　5. 不同。　6. 不同。

國家圖書館出版品預行編目資料

量子科技入門/黃琮暐, 余怡青, 陳宏斌, 鄭宜帆作.
-- 初版. -- 新北市 : 全華圖書股份有限公司出版 :
鴻海教育基金會發行, 2022.12
　面 ； 公分
ISBN 978-626-328-289-6(平裝)
1.CST: 量子力學
331.3　　　　　　　　　　　　111012261

量子科技入門

作　　　者／黃琮暐・余怡青・陳宏斌・鄭宜帆

審　　　定／謝明修・林俊達

顧　　　問／張慶瑞・傅昭銘

總 策 劃／鴻海教育基金會

企劃編輯／林宜君

執行編輯／王詩蕙

封面及版式設計／張珮嘉

排版設計／陳伶卿

繪圖設計／楊光偉

發　　　行／鴻海教育基金會

出　　　版／全華圖書股份有限公司

圖書編號／19412

初版一刷／2022 年 12 月

定價／新台幣 420 元

ISBN／978-626-328-289-6 (平裝)

ISBN／978-626-328-293-3 (PDF)

ISBN／978-626-328-386-2 (EPUB)

全華圖書／www.chwa.com.tw

全華網路書店 Open Tech／www.opentech.com.tw

若您對本書有任何問題，歡迎來信指導 book@chwa.com.tw

臺北總公司(北區營業處)
地址：23671 新北市土城區忠義路 21 號
電話：(02) 2262-5666
傳真：(02) 6637-3695、6637-3696

南區營業處
地址：80769 高雄市三民區應安街 12 號
電話：(07) 381-1377
傳真：(07) 862-5562

中區營業處
地址：40256 臺中市南區樹義一巷 26 號
電話：(04) 2261-8485
傳真：(04) 3600-9806(高中職)
　　　(04) 3601-8600(大專)